Lalith Pankaj Raj Nadimuthu
Kirubakaran Victor

# Évaluation de la centrale solaire photovoltaïque en toiture reliée au réseau électrique

Lalith Pankaj Raj Nadimuthu
Kirubakaran Victor

# Évaluation de la centrale solaire photovoltaïque en toiture reliée au réseau électrique

## Une comparaison de cas

ScienciaScripts

**Imprint**

Any brand names and product names mentioned in this book are subject to trademark, brand or patent protection and are trademarks or registered trademarks of their respective holders. The use of brand names, product names, common names, trade names, product descriptions etc. even without a particular marking in this work is in no way to be construed to mean that such names may be regarded as unrestricted in respect of trademark and brand protection legislation and could thus be used by anyone.

Cover image: www.ingimage.com

This book is a translation from the original published under ISBN 978-620-4-20145-0.

Publisher:
Sciencia Scripts
is a trademark of
Dodo Books Indian Ocean Ltd., member of the OmniScriptum S.R.L Publishing group
str. A.Russo 15, of. 61, Chisinau-2068, Republic of Moldova Europe
Printed at: see last page
ISBN: 978-620-4-12618-0

# RÉSUMÉ

Le secteur indien de l'électricité a pour objectif de produire 175 GW d'électricité à partir d'énergies renouvelables, dont 40 GW à partir de l'énergie solaire photovoltaïque en toiture d'ici 2022. La capacité installée de l'énergie solaire photovoltaïque jusqu'en 2017 est d'environ 14,77 GW. En dehors de l'installation, la performance de la centrale solaire doit être abordée en calculant les différents paramètres comme le ratio de performance, le ratio d'utilisation de la capacité de la centrale pour l'efficacité de la centrale. Dans cet article, nous analysons et comparons les performances de deux centrales solaires en toiture de 20 kWc connectées au réseau dans l'état de Telangana. En plus de ce qui précède, les différentes centrales solaires photovoltaïques connectées au réseau sont étudiées dans les États de Tamil Nadu et d'Andhra Pradesh.

# REMERCIEMENTS

Dans l'exploration académique du projet M.Tech, j'ai reçu l'aide et le soutien de la galaxie de personnalités intellectuelles. Je leur adresse toute ma gratitude.

Une énorme dette de gratitude envers le Directeur i/c Centre for Rural Energy, **Dr V.Kirubakaran. M.Tech, Ph.D., mon** superviseur, mon mentor, mon chemin qui a éclairé le chemin de mon aventure académique par ses conseils savants tout au long de l'année dans l'achèvement réussi de ce travail de recherche.

Je dois mes sincères remerciements à l'**University Grants Commission (UGC)** pour avoir offert ce programme de M.Tech Renewable energy dans le cadre d'un programme innovant.

Ma sincère gratitude à **Rural Electrification Corporation-Institute of Power Management and Training (un institut de Navaratna CPSE sous le ministère de l'énergie, GOI)** Hyderabad, Telangana. **M.Sudhir.S.Chopade, Faculté**, pour son soutien constant pour démarrer ce travail de projet.

J'exprime également mes sincères remerciements au **National Institute of Wind Energy (Ministry of New and Renewable Energy, GOI), Chennai. Kadapa Collectorate, Andhra Pradesh et ABM Hotel, Theni, Tamil Nadu**, pour m'avoir donné l'opportunité de réaliser mon projet de recherche dans leurs locaux.

Je tiens à exprimer ma gratitude à **la Southern Power Distribution Company of Andhra Pradesh (APSPDCL)** qui m'a permis de réaliser l'analyse dans le Collectorate de Kadapa.

J'adresse mes salutations au **Tamil Nadu Electricity Board (TNEB)** qui m'a apporté son soutien total et sa société pour ce projet.

J'exprime également mes sincères remerciements à **M. S. Kader Ali et M. S. Govindaraj**, du Centre for Rural Energy, qui ont pris une part active à mon travail et ont assumé davantage de responsabilités avec le sourire et le cran, tout au long de ma participation à ce projet de recherche. Je remercie sincèrement **M. K. Venkatesh** et **M. D. Krishna Moorthy**, GRI-DTBU, pour leur soutien technique.

Je suis incroyablement reconnaissant à tous nos amis et à nos familles pour leur aide opportune et leur soutien constant à mon entreprise.

# TABLE DES MATIÈRES

| PV | PHOTOVOLTAÏQUE |
|---|---|
| ISC | Courant de court-circuit |
| COV | Tension en circuit ouvert |
| FF | Facteur de remplissage |
| RSH | Résistance de shunt |
| RS | Résistance de la série |
| PR | Rapport de performance |
| WCPR | Rapport de performance corrigé des conditions météorologiques |
| MNRE | Ministère des énergies nouvelles et renouvelables |
| NREL | National Renewable Energy Laboratory |
| CUF | Facteur d'utilisation de la capacité |
|  |  |

# CHAPITRE-1

## INTRODUCTION

## 1.1. Les énergies renouvelables en Inde

L'Inde est l'un des pays du monde où les programmes de développement des capacités en matière d'énergies renouvelables sont les plus importants et les plus ambitieux. Selon les prévisions, les nouvelles sources d'électricité renouvelables devraient connaître une croissance considérable d'ici à 2022, avec notamment un plus que doublement de la grande capacité éolienne indienne et une multiplication par près de 15 de l'énergie solaire par rapport aux niveaux d'avril 2016. Ces objectifs ambitieux placeraient l'Inde parmi les leaders mondiaux de l'utilisation des énergies renouvelables et la placeraient au centre de son projet d'Alliance solaire internationale "Sunshine Countries", qui promeut le développement de l'énergie solaire à l'échelle internationale dans plus de 120 pays. En Inde, les énergies renouvelables relèvent du ministère des énergies nouvelles et renouvelables (MNRE). L'Inde a été le premier pays au monde à créer un ministère des ressources énergétiques non conventionnelles, au début des années 1980. La Solar Energy Corporation of India est responsable du développement de l'industrie de l'énergie solaire en Inde.

Dans le secteur de l'électricité, les énergies renouvelables, à l'exception de l'hydroélectricité, représentaient 19 % de la puissance installée totale de 62,85 GW en Inde en février 2018. L'Inde s'est fixé pour objectif d'atteindre 40 % de la production totale de la capacité de son réseau électrique à partir de sources de combustibles non fossiles d'ici 2030, comme indiqué dans sa déclaration de contributions déterminées au niveau national dans l'Accord de Paris. La capacité installée de la grande hydraulique a atteint 44,96 GW en février 2018. Contrairement à la plupart des pays, l'Inde ne compte pas la grande hydraulique lorsqu'elle comptabilise ses objectifs en matière d'énergies renouvelables.

La capacité de production d'énergie éolienne a atteint 32,85 GW, faisant de l'Inde le quatrième plus grand producteur d'énergie éolienne au monde en février 2018. Selon un communiqué de presse du gouvernement daté du 27 décembre 2017, le pays dispose d'une solide base manufacturière dans le domaine de l'énergie éolienne avec 20 fabricants de 53 modèles différents d'éoliennes de qualité mondiale jusqu'à 3 MW, avec des exportations vers l'Europe, les États-Unis et d'autres pays.

L'énergie solaire installée a atteint plus de 20 GW en janvier 2018, grâce à des parcs solaires ainsi qu'à des panneaux solaires sur les toits. La plus grande capacité de 2000MW du parc solaire de Pavagada, au Karnataka.

L'énergie de la biomasse issue de la combustion de la biomasse, de la gazéification dela biomasse et de la cogénération de la bagasse a atteint une capacité installée de 8,528 GW en février

1

2018. Les installations de biogaz de type familial ont atteint 3,98 millions d'installations de biogaz à la même date.

## 1.2. Technologie solaire photovoltaïque :

Les cellules solaires, également appelées cellules photovoltaïques (PV) par les scientifiques, convertissent directement la lumière du soleil en électricité. Le nom PV provient du processus de conversion de la lumière (photons) en électricité (tension), appelé effet PV. L'effet PV a été découvert en 1954, lorsque des scientifiques de Bell Telephone ont découvert que le silicium (un élément présent dans le sable) créait une charge électrique lorsqu'il était exposé à la lumière du soleil.

## 1.3. Théorie de la caractérisation I-V

Les cellules PV peuvent être modélisées comme une source de courant en parallèle avec une diode. Lorsqu'il n'y a pas de lumière pour générer un courant, la cellule PV se comporte comme une diode. Lorsque l'intensité de la lumière incidente augmente, un courant est généré par la cellule PV, comme l'illustre la figure 1.

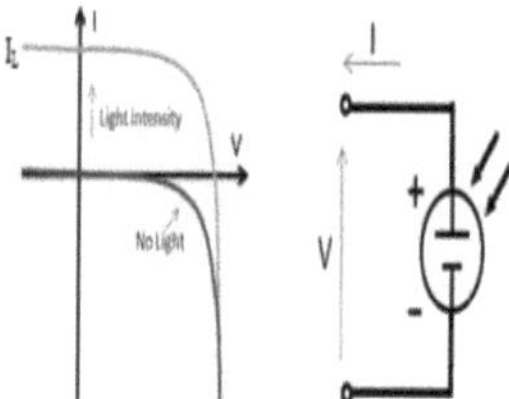


*Figure .1.1. Courbe I-V d'une cellule PV et schéma électrique associé*

Dans une cellule idéale, le courant total I est égal au courant Iℓ généré par l'effet photoélectrique moins le courant de la diode $I_D$, selon l'équation :

$$I = I_\ell - I_D = I_\ell - I_o \left( e^{\frac{qV}{kT}} - 1 \right)$$

où I0 est le courant de saturation de la diode, q est la charge élémentaire 1,6x10-19 Coulombs, k est une constante de valeur 1,38x10-23J/K, T est la température de la cellule en Kelvin, et V est la tension mesurée de la cellule qui est soit produite (quadrant de puissance) soit appliquée (polarisation de tension). Un modèle plus précis comprendra deux termes de diode ; cependant, nous nous concentrerons sur un modèle à une seule diode dans ce document.

En développant l'équation, on obtient le modèle de circuit simplifié illustré ci-dessous et l'équation associée suivante, où n est le facteur d'idéalité de la diode (généralement compris entre 1 et 2), et RS et RSH représentent les résistances série et shunt qui sont décrites plus en détail plus loin dans ce document :

$$I = I_l - I_0 \left( exp^{\frac{q(V+I \cdot R_s)}{n \cdot k \cdot T}} - 1 \right) - \frac{V + I \cdot R_S}{R_{SH}}$$

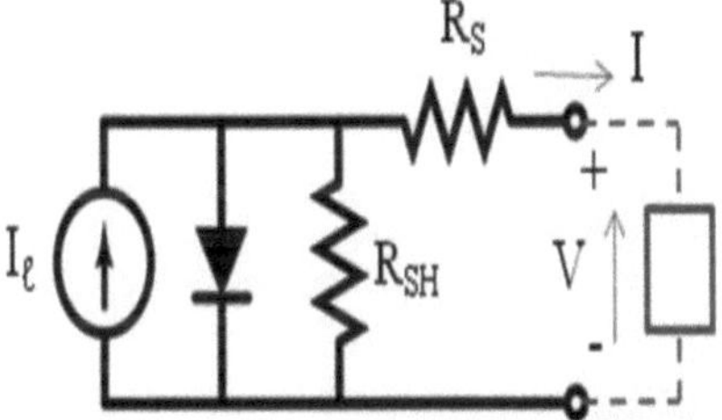



*Figure 1.2 . Modèle simplifié de circuit équivalent pour une cellule photovoltaïque*

La courbe I-V d'une cellule photovoltaïque éclairée a la forme illustrée à la figure 1.3 lorsque la tension aux bornes de la charge de mesure est balayée de zéro aux points VOC du tracé.

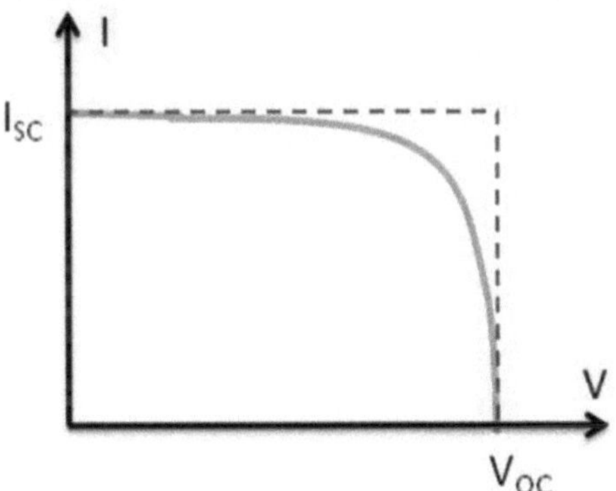



*Figure 1.3. Courbe de balayage I-V éclairée*

### 1.3.1. Courant de court-circuit (ISC)

Le courant de court-circuit ISC correspond à la condition de court-circuit lorsque l'impédance est faible et est calculé lorsque la tension est égale à 0.

$$I \ (\text{à } V=0) = ISC$$

L'ISC se produit au début du balayage de polarisation directe et représente la valeur de courant maximale dans le quadrant de puissance. Pour une cellule idéale, cette valeur de courant maximale est le courant total produit dans la cellule solaire par l'excitation photonique.

$$ISC = IMAX = I\ell \text{ pour le quadrant de puissance à polarisation directe}$$

### 1.3.2. Tension en circuit ouvert (VOC)

La tension de circuit ouvert (VOC) se produit lorsque la cellule n'est pas traversée par un courant.

$$V \text{ (à } I=0) = VOC$$

VOC est également la différence de tension maximale aux bornes de la cellule pour un balayage à polarisation directe dans le quadrant de puissance.

$$VOC = VMAX \text{ pour le quadrant de puissance à polarisation directe}$$

### 1.3.3. Puissance maximale (PMAX), Courant à PMAX (IMP), Tension à PMAX (VMP)

La puissance produite par la cellule en watts peut être facilement calculée le long du balayage I-V par l'équation P=IV. Aux points ISC et VOC, la puissance sera nulle et la valeur maximale de la puissance se situera entre ces deux points. La tension et le courant à ce point de puissance maximale sont désignés respectivement par VMP et IMP.

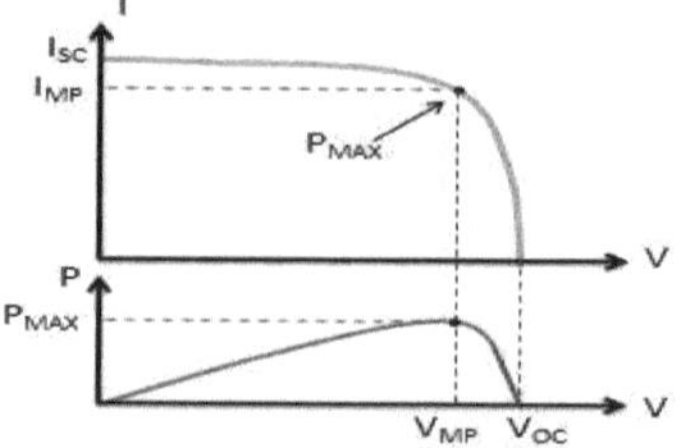


*Figure 1.4 . Puissance maximale pour un balayage I-V*

### 1.3.4. Facteur de remplissage (FF)

Le facteur de remplissage (FF) est essentiellement une mesure de la qualité de la cellule solaire. Il est calculé en comparant la puissance maximale à la puissance théorique (PT) qui serait produite à la fois à la tension de circuit ouvert et au courant de court-circuit. Le FF peut également être interprété graphiquement comme le rapport des zones rectangulaires illustrées à la figure 5.

Un facteur de remplissage plus élevé est souhaitable, et correspond à un balayage I-V qui est plus carré. Les facteurs de remplissage typiques vont de 0,5 à 0,82. Le facteur de remplissage est également souvent représenté en pourcentage.

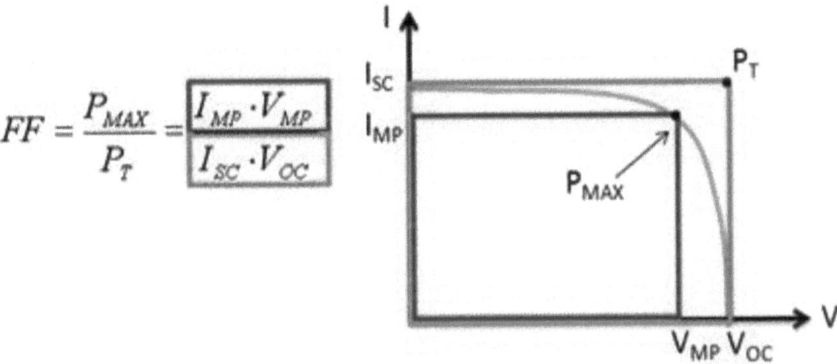



$$FF = \frac{P_{MAX}}{P_T} = \frac{I_{MP} \cdot V_{MP}}{I_{SC} \cdot V_{OC}}$$

*Figure 1.5 . Obtention du facteur de remplissage à partir du balayage I-V*

### 1.3.5. Efficacité (η)

Le rendement est le rapport entre la puissance électrique de sortie, Pout, et la puissance solaire d'entrée, $_{Pin}$, dans la cellule PV. Pout peut être considéré comme PMAX, car la cellule solaire peut être exploitée jusqu'à sa puissance de sortie maximale pour obtenir un rendement maximal.

$$\eta = \frac{P_{out}}{P_{in}} \Rightarrow \eta_{MAX} = \frac{P_{MAX}}{P_{in}}$$

$_{Pin}$ est considéré comme le produit de l'irradiance de la lumière incidente, mesurée en W/m2 ou en soleils (1000 W/m2), par la surface de la cellule solaire [$^{m2}$]. L'efficacité maximale (ηMAX) trouvée lors d'un test de lumière n'est pas seulement une indication de la performance du dispositif testé, mais, comme tous les paramètres I-V, elle peut également être affectée par les conditions ambiantes telles que la température, l'intensité et le spectre de la lumière incidente. Pour cette raison, il est recommandé de tester et de comparer les cellules PV en utilisant des conditions d'éclairage et de température similaires. Ces conditions de test standard sont abordées dans la partie III.

### 1.3.6. Résistance shunt (RSH) et résistance série (RS)

Pendant le fonctionnement, l'efficacité des cellules solaires est réduite par la dissipation de puissance à travers les résistances internes. Ces résistances parasites peuvent être modélisées sous la forme d'une résistance parallèle shunt (RSH) et d'une résistance série (RS), comme le montre la figure

2. Pour une cellule idéale, $_{RSH}$ serait infinie et ne fournirait pas de chemin alternatif pour le passage du courant, tandis que $_{RS}$ serait nulle, ce qui n'entraînerait aucune chute de tension supplémentaire avant la charge. En diminuant $_{RSH}$ et en augmentant Rs, on diminue le facteur de remplissage (FF) et PMAX, comme le montre la figure 6. Si $_{RSH}$ est trop diminué, la VOC chutera, tandis qu'une augmentation excessive de $_{RS}$ peut entraîner une chute de l'ISC au contraire.

Il est possible d'approximer les résistances série et shunt, $_{RS}$ et $_{RSH}$, à partir des pentes de la courbe I-V à VOC et ISC, respectivement. La résistance à Voc, cependant, est au mieux proportionnelle à la résistance série, mais elle est plus grande que cette dernière. $_{RSH}$ est représentée par la pente à ISC. En général, les résistances à ISC et à VOC sont mesurées et notées, comme le montre la figure 7.

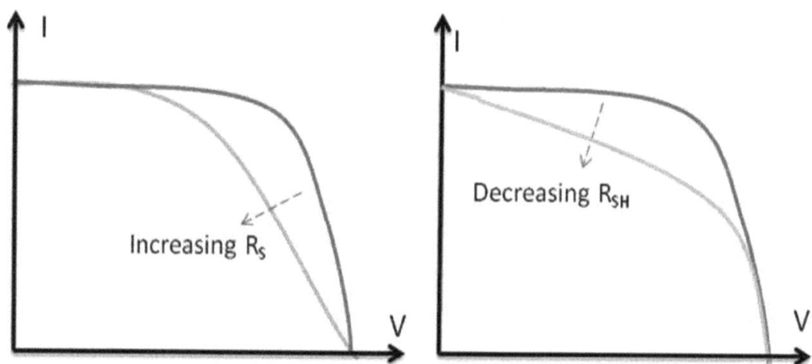



*Figure 1.6 : Effet de la divergence entre Rs et $_{RSH}$ et l'idéalité*

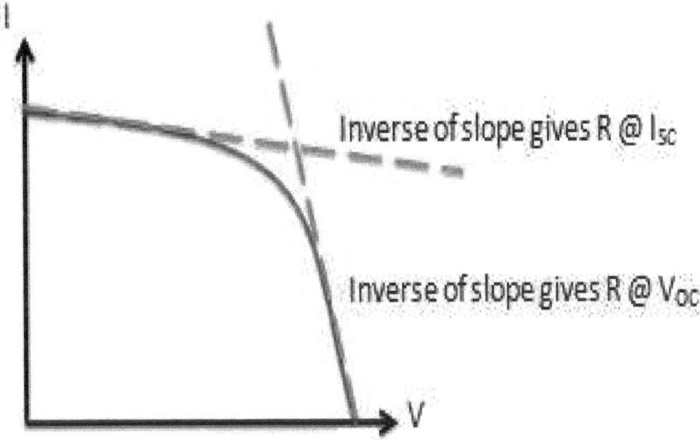


*Figure 1.7 . Obtention des résistances à partir de la courbe I-V*

Si l'on empêche la lumière incidente d'exciter la cellule solaire, on obtient la courbe I-V illustrée à la figure 8.  Cette courbe I-V est simplement une réflexion de la courbe "Sans lumière" de la figure 1 autour de l'axe V. La pente de la région linéaire de la courbe dans le troisième quadrant (polarisation inverse) est une continuation de la région linéaire dans le troisième quadrant.  La pente de la région linéaire de la courbe dans le troisième quadrant (polarisation inverse) est une continuation de la région linéaire dans le premier quadrant, qui est la même région linéaire utilisée pour calculer $R_{SH}$ dans la Figure 7.  Il s'ensuit que le $R_{SH}$ peut être dérivé du tracé I-V obtenu avec ou sans excitation lumineuse, même lorsque la cellule est alimentée en électricité.  Il est important de noter, cependant, que pour les cellules réelles, ces résistances sont souvent fonction du niveau de lumière, et peuvent différer en valeur entre les tests à la lumière et à l'obscurité.

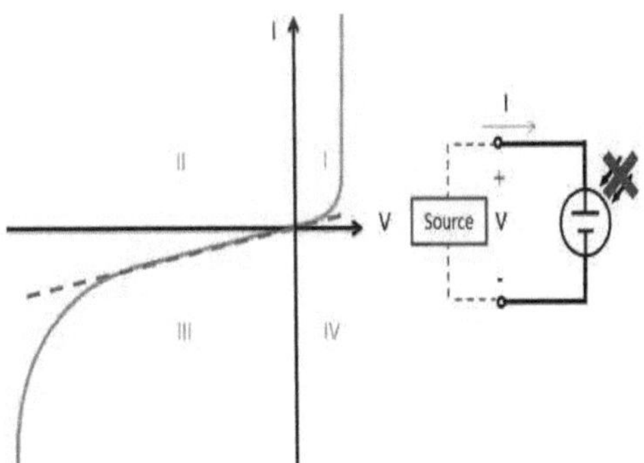


*Figure 1.8. Courbe I-V d'une cellule solaire sans excitation lumineuse*

### 1.3.7. Considérations relatives à la mesure de la température

Les cristaux utilisés pour fabriquer les cellules PV, comme tous les semi-conducteurs, sont sensibles à la température. La figure 9 illustre l'effet de la température sur une courbe I-V. Lorsqu'une cellule PV est exposée à des températures plus élevées, ISC augmente légèrement, tandis que VOC diminue de manière plus significative.

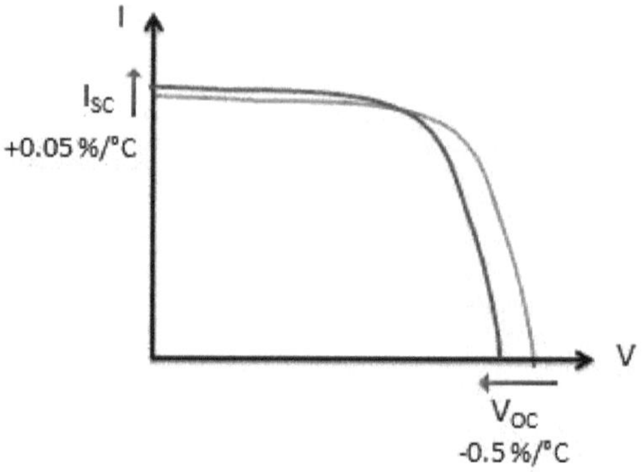


*Figure 1.9. Effet de la température sur la courbe I-V*

Pour un ensemble spécifié de conditions ambiantes, des températures plus élevées entraînent une diminution de la puissance de sortie maximale PMAX. Comme la courbe I-V varie en fonction de la température, il est utile d'enregistrer les conditions dans lesquelles le balayage I-V a été effectué. La température peut être mesurée à l'aide de capteurs tels que des RTD, des thermostats ou des thermocouples.

### 1.3.8 Courbes I-V pour les modules

Pour un module ou une matrice de cellules PV, la forme de la courbe I-V ne change pas. Cependant, elle est mise à l'échelle en fonction du nombre de cellules connectées en série et en parallèle. Lorsque n est le nombre de cellules connectées en série et m est le nombre de cellules connectées en parallèle et que ISC et VOC sont des valeurs pour les cellules individuelles, la courbe I-V illustrée à la figure 10 est produite.

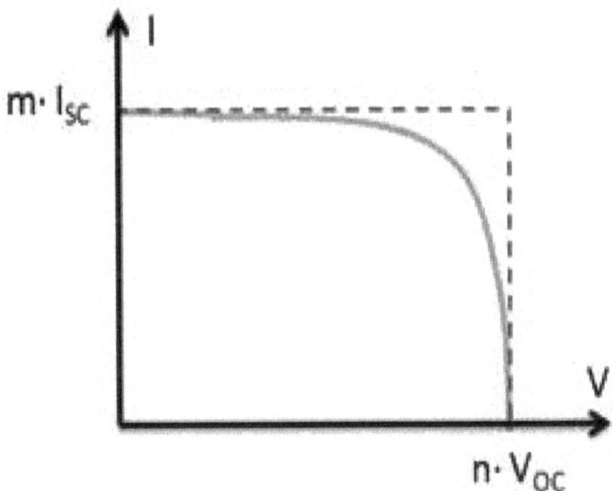



*Figure 1.10 . Courbe I-V pour les modules et les réseaux*

## 1.4. ANALYSE DES PERFORMANCES D'UNE CENTRALE SOLAIRE :

En raison de l'augmentation rapide du développement de l'installation de centrales solaires, il faut veiller à maintenir ses performances pour atteindre l'objectif de durabilité dans le monde,

1. Facteur d'utilisation de la capacité
2. Rapport de performance
3. Rapport de performance corrigé des conditions météorologiques

### 1.4.1. Facteur d'utilisation de la capacité :

La performance d'une centrale photovoltaïque est souvent désignée par une mesure appelée le facteur d'utilisation de la capacité. Il s'agit du rapport entre la production réelle d'une centrale solaire sur une année et la production maximale possible sur une année dans des conditions idéales. Le facteur d'utilisation de la capacité est généralement exprimé en pourcentage.

$$\text{Facteur d'utilisation de la capacité (C.U.F)} = \frac{\text{(énergie réelle de la centrale (kWh))}}{\text{(Capacité de la centrale (kWp) x 24 x 365)}}$$

La production d'énergie d'une centrale dépend principalement de deux paramètres clés : le rayonnement solaire reçu et le nombre de jours de soleil clair sur le site de la centrale. Ces deux facteurs affectent également le facteur d'utilisation de la capacité.

Selon les rapports du MNRE en 2013, le facteur d'utilisation de la capacité moyenne des centrales solaires photovoltaïques en Inde est de l'ordre de 15-19%.En particulier, les centrales solaires au Rajasthan et au Telangana ont enregistré le facteur d'utilisation de la capacité le plus élevé ; il est de l'ordre de 20%.La situation géophysique de ces États a aidé à cette cause. De plus, il est intéressant de noter que le facteur d'utilisation de la capacité le plus élevé a été enregistré par une centrale photovoltaïque concentrée (CPV) et qu'il a atteint presque 35 %.

**Tableau 1.1. Facteur d'utilisation de la capacité pour divers États de l'Inde (Source : Solar Mango)**

| État | CUF (%) | Sortie pour Panneau de 1 kWp (kWh/jour) |
|---|---|---|
| **Rajasthan** | **20** | **4.80** |
| **Telangana** | **20** | **4.80** |
| **Tamil Nadu** | **19** | **4.56** |
| Maharashtra | 19 | 4.56 |
| Punjab | 19 | 4.56 |
| Uttarakhand | 19 | 4.56 |
| Karnataka | 19 | 4.56 |
| Madhya Pradesh | 19 | 4.56 |
| Gujarat | 18 | 4.32 |

**1.4.2. Ratio de performance :**

Le rapport de performance (PR) est défini dans la norme IEC 61724 [1] et est un paramètre couramment utilisé pour mesurer la performance des installations solaires photovoltaïques (PV) pour les tests d'acceptation et d'exploitation. Le PR mesure l'efficacité avec laquelle l'installation convertit la lumière solaire collectée par les panneaux PV en énergie CA fournie à l'exploitant par rapport à ce que l'on pourrait attendre de la plaque signalétique du panneau. Cette mesure quantifie l'effet global des pertes dues à l'inefficacité de l'onduleur, au câblage, à l'inadéquation des cellules, à la température élevée des modules PV, à la réflexion de la surface avant des modules, à l'encrassement, aux temps d'arrêt du système, à l'ombrage et aux défaillances des composants. Étant donné que bon nombre de ces facteurs sont des indicateurs de la qualité de construction, cette mesure est populaire auprès de certaines entreprises et de certains financiers pour les tests d'acceptation contractuels. Cependant, certains de ces facteurs dépendent également des conditions météorologiques. Plus particulièrement, les conditions météorologiques affectent le RP en influençant la température du module. Pour de nombreux financiers, il s'agit d'une caractéristique intéressante de la mesure, car elle permet de comprendre quels sites fourniront les usines les plus productives. Par exemple, un site plus froid fournira un RP plus élevé, ce qui implique une plus grande production d'électricité si tout le reste est égal. Malheureusement, cette dépendance aux conditions météorologiques est associée à une erreur de biais dans la métrique qui introduit un risque inutile dans les tests d'acceptation contractuels. La production électrique du système PV varie en fonction des conditions météorologiques ; par exemple, la production du système varie en fonction de la température (typiquement ~ 0,5 %/°C), de l'irradiance (typiquement, elle peut varier de 5 % à 10 %, en particulier pour les modules présentant une résistance de shuntage ou en série élevée) et du spectre (typiquement, elle varie jusqu'à ~ 3 %, en fonction de la différence de réponse du capteur d'irradiance et du module PV). Comme le montre la figure 1, le PR peut varier radicalement en une seule journée. Le contrat doit spécifier un RP représentatif de la performance annualisée du site, mais la saison de la mesure est rarement définie, ce qui entraîne un risque inutile pour les deux parties. Avant de proposer une méthode pour réduire ce risque, nous donnons quelques informations sur le PR.

Les valeurs PR des nouveaux systèmes se situent généralement entre 0,6 et 0,9. Un article récent résumant les performances de ~ 100 systèmes photovoltaïques allemands a conclu que le climat frais de l'Allemagne a permis à certains systèmes d'approcher, voire de dépasser, 0,9. La forte dépendance du RP à la température entraîne une grande variation saisonnière du RP, qui peut atteindre ±10%. Le PR est souvent corrigé par rapport à une température commune de 25°C (conditions normales de déclaration). La correction par rapport à une température de cellule de 25°C donne généralement un PR plus élevé car les modules fonctionnent plus fréquemment à 45°C. Ainsi, si la correction à 25°C résout essentiellement le problème des variations saisonnières, elle peut surestimer la performance réelle et ne permet donc pas au financier d'évaluer l'effet du climat local sur la performance attendue. Par conséquent, la correction à 25°C n'est pas une méthode acceptable pour éliminer la variabilité saisonnière de la mesure du PR, car elle modifierait la valeur du PR indiquée dans le contrat.

Étant donné que l'objectif est de supprimer la variabilité saisonnière de la mesure PR sans modifier la valeur PR indiquée dans le contrat, nous affirmons qu'il est possible de définir une température moyenne de cellule dépendant du site, à laquelle le PR peut être corrigé. Nous appellerons cela un PR "corrigé en fonction des conditions météorologiques" car il corrige la plupart des effets liés aux conditions météorologiques. Bien qu'il serait utile de corriger le RP pour chaque aspect de la météo, nous proposons ici de corriger uniquement les variations météorologiques qui affectent la température du module (température ambiante, vent et irradiation). Nous n'essayons pas de corriger l'enneigement, l'encrassement ou les variations d'irradiation qui affectent l'efficacité du PV (en supposant qu'une installation de haute qualité ne souffre pas beaucoup des effets de résistance en série et en dérivation). Bien que les tests de systèmes puissent être corrigés en fonction de la neige ou de la saleté, il est peu probable qu'un entrepreneur choisisse d'effectuer le test alors que le système est couvert de neige ou fortement sali. L'utilisation d'un capteur à cellule de référence à semi-conducteurs dans le plan du réseau permet également de minimiser les biais spectraux saisonniers des mesures d'irradiation.

Le rapport de performance est une variable purement définie qui, sous l'influence de certains facteurs, peut même dépasser des valeurs de 100 %. Ceci est dû au fait que les caractéristiques de performance des modules PV sont utilisées dans le calcul du rapport de performance qui ont été déterminées dans des conditions d'essai standard (rayonnement solaire de 1 000 W/m² et température du module de 25 °C). Des conditions différentes dans des conditions d'exploitation réelles influencent donc le rapport de performance.

Les facteurs suivants peuvent avoir une influence sur la valeur PR :

- Facteurs environnementaux
    - Température du module PV
    - irradiation solaire et dissipation d'énergie
    - Le gabarit de mesure est à l'ombre ou sali.
    - Module PV à l'ombre ou souillé
- Autres facteurs
    - Période d'enregistrement
    - Pertes par conduction

- Facteur d'efficacité des modules PV

- Facteur d'efficacité de l'onduleur

- Différences dans les technologies des cellules solaires du calibre de mesure et des modules PV

- Orientation de la jauge de mesure


## Température du module PV

La performance et l'efficacité d'une cellule solaire dépendent, entre autres, de la température du module PV. À basse température, un module PV est particulièrement efficace. Par exemple, le module PV est froid lorsque le ciel est couvert en hiver. Si, dans ces conditions, un rayonnement solaire complet est incident sur le module PV froid, il fonctionne très efficacement. Cela peut générer brièvement une valeur PR élevée. Après un certain temps, le module PV se réchauffe et le rendement diminue à nouveau.


## Irradiation solaire et dissipation de puissance

Le matin, le soir et surtout en hiver, lorsque le soleil est bas dans le ciel, la valeur de l'irradiation solaire incidente se rapproche davantage de celle de la puissance dissipée (= différence entre la puissance d'entrée et la puissance de sortie).


## Jauge de mesure à l'ombre ou souillée

En fonction du lieu d'installation, les plantes et les bâtiments peuvent projeter des ombres sur le gabarit de mesure de votre installation PV et, par conséquent, le gabarit de mesure peut être temporairement ou même définitivement à l'ombre. En particulier lorsque le soleil est bas, certaines parties de l'installation PV elle-même peuvent projeter des ombres sur le gabarit de mesure.

La mise à l'ombre partielle ou complète de la jauge de mesure peut entraîner des valeurs PR supérieures à 100 %. En outre, des facteurs environnementaux tels que la neige, la poussière ou le pollen peuvent entraîner un encrassement de votre installation photovoltaïque et donc des valeurs PR supérieures à 100 %.


## Ombrage ou contamination des modules PV

En fonction du lieu d'installation, les plantes et les bâtiments peuvent projeter des ombres sur le gabarit de mesure de votre installation PV et, par conséquent, le gabarit de mesure peut se trouver temporairement ou même en permanence à l'ombre. De même, l'encrassement par la poussière, le pollen, la neige, etc. peut entraîner l'ombrage des modules PV. Cet ombrage fait que le module PV absorbe moins de rayonnement solaire que d'habitude. Le rendement des modules PV et, par conséquent, la valeur PR de l'installation PV diminuent.

## Période de mesure

Si la période de mesure est trop courte (c'est-à-dire moins d'un mois), les mesures sont insuffisantes pour un calcul fiable du rapport de performance. Les faibles élévations solaires, les températures basses et élevées et l'ombrage influencent plus fortement le résultat du calcul dans ce cas, car ces valeurs peuvent ne pas être enregistrées complètement.

## Pertes par conduction

Lors de la transmission de l'énergie de l'onduleur au compteur d'exportation d'énergie de l'exploitant du réseau, des pertes par conduction peuvent se produire en fonction du type et du matériau du câble utilisé. La valeur PR peut être réduite par ces pertes de conduction.

## Facteur d'efficacité des modules PV

Le facteur d'efficacité des modules PV a une influence décisive sur le taux de rendement de votre installation PV. Plus le rendement des modules PV est élevé, plus la valeur PR est élevée (avec les conditions ambiantes correspondantes telles qu'un rayonnement solaire plus élevé sur le site, etc.)

## Facteur d'efficacité de l'onduleur

Si l'onduleur utilisé dans votre installation photovoltaïque est très efficace, cela peut se traduire par des valeurs PR élevées. Les onduleurs ayant un rendement de 90 % permettent d'obtenir des valeurs PR supérieures à 80 %.

## Dégradation des cellules solaires

La dégradation des cellules solaires liée au vieillissement entraîne une diminution de la valeur PR au fil du temps. Les cellules solaires monocristallines et polycristallines vieillissent jusqu'à 20 % en 20 ans.

## Orientation de la jauge de mesure

Si votre installation photovoltaïque comprend un gabarit de mesure et que celui-ci n'est pas aligné en conséquence avec les modules photovoltaïques de votre installation photovoltaïque, il peut en résulter des valeurs PV supérieures à 100 % en raison des différentes irradiations solaires.

### 1.4.3. Rapport de performance corrigé des conditions météorologiques :

Le PR annuel n'est pas une fonction stable du fichier météo du projet. Le fichier météorologique du projet est le fichier météorologique annuel d'enregistrement utilisé pour déterminer les attentes en matière de production d'énergie et fixer les garanties de performance. La source peut être un fichier de l'année météorologique typique (TMY) ou une combinaison de toute autre source. Il est recommandé que toutes les parties au projet acceptent les données stockées dans le fichier météorologique du projet.

Le PR d'un projet changera si un fichier météo différent est utilisé dans la simulation annuelle, même si la conception de la centrale reste inchangée. Le tableau 1 montre les effets sur le RP d'une modification de la température ambiante ou du vent.

Le manque de constance du RP au fur et à mesure de la variation du fichier météo est facilement visible. Il est recommandé aux praticiens de répéter cet exercice de changement de fichiers météo sur leurs propres projets. La recommandation importante est de faire en sorte que toutes les parties à un projet s'entendent sur un fichier météo (basé sur des données historiques ou des données mesurées spécifiquement pour le projet) avant d'établir des garanties de RP.

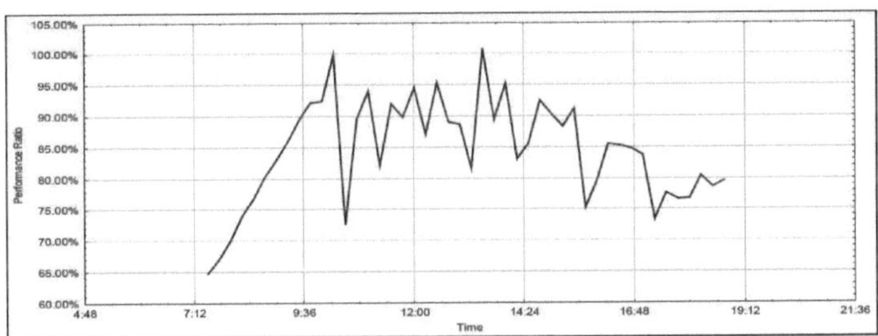

**Figure1. Ratio de performance (PR) calculé à partir des données mesurées sur des périodes de 15 minutes dans une installation de 24 mégawatts (MW).**

| Weather File | PR | Difference |
|---|---|---|
| Baseline weather file | 84.9% | |
| 3° C Higher Annual Temperature | 84.0% | -0.9% |
| 3 m/s Higher Annual Wind Speed | 86.6% | 1.7% |
| The modeling assumed single-axis tracking and a temperature coefficient of -0.38%/°C, providing an example of how the PR may be expected to vary with variable weather. | | |

**Tableau 1.2. Effets de la température ambiante annuelle ou du vent de surface sur le PR**

# CHAPITRE 2
## REVUE DE LITTÉRATURE

Sarah Kurtz. (2013) Weather corrected Performance Ratio, rapport technique du National renewable Energy Laboratory donne un moyen de calculer le rapport de performance corrigé des conditions météorologiques d'une centrale solaire en toiture liée au réseau. Ici, toutes les procédures et formules pour trouver le rapport de performance corrigé par le temps sont énoncées avec un exemple également, ce qui est très utile pour cette recherche. Ce rapport donne le calcul du rapport de performance à la fois théorique et pratique pour atteindre la valeur du rapport de performance corrigé des conditions météorologiques.

Vikrant Sharma, S.S. Chandel (2013) ont discuté de l'analyse des performances d'une centrale solaire photovoltaïque de 190 kWc installée à Khatkar-Kalan, en Inde. La performance du système est comparée aux systèmes photovoltaïques installés dans le monde entier et s'avère comparable. Les résultats présentés donnent un aperçu de la performance à long terme de la centrale solaire dans des conditions d'exploitation réelles en Inde. Une comparaison du rendement énergétique, du rendement final, de l'efficacité du système et du ratio de performance du système solaire photovoltaïque en Inde avec les autres systèmes installés à différents endroits dans le monde, montre que le rendement final de la centrale 2,23 kWh/kWp-jour, est supérieur à celui de l'Allemagne, inférieur à celui de la Grèce mais comparable à ceux de la Pologne et de l'Irlande.

Alexander Phinikarides, NitsaKindyni,GeorgeMakrides,GeorgeE.Georghiou (2014) donne les différentes méthodologies pour calculer les effets de la dégradation des modules solaires photovoltaïques. Cet article de synthèse donne une connaissance sur les différentes formes de technologies dans le calcul de la dégradation des modules.

Ashish Verma et Shivya Singhal et al, (2015) explique les concepts de base de l'analyse des performances et le fonctionnement optimal de la centrale solaire photovoltaïque à l'échelle MW. Ici, tous les paramètres et les facteurs qui doivent être considérés tout en calculant le ratio de performance, afin d'obtenir la qualité de la centrale photovoltaïque et aussi la mort avec la simulation de la centrale afin de mourir avec la comparaison approfondie des différentes pertes de la centrale. Le facteur d'utilisation de la capacité de l'installation solaire fixe est d'environ 18-19%, donc la centrale indienne donnera 0,18 MW de puissance à partir d'une installation d'une capacité de 1 MW. Cela donne donc les facteurs fondamentaux pour le calcul de l'analyse de performance de la centrale électrique à grande échelle.

Ankit Kumar Sarraf1, Sunil Agarwal2, Dinesh Kumar Sharma3 (2016) a donné une étude de cas détaillée sur la comparaison de la centrale solaire photovoltaïque de l'échelle MW. Ici, ils ont discuté du ratio de performance et du calcul du facteur d'utilisation de la capacité de la centrale de l'échelle MW basée sur leur enregistrement de données de l'année précédente avec toutes les mesures métrologiques en elle. Cela donne une idée claire de la façon dont les performances de la centrale varient en fonction des paramètres environnementaux tels que la température et la disponibilité du réseau.

Kanchan Matiyali et Alaknanda Ashok et al, (2016) ont proposé une conception de centrale photovoltaïque connectée au réseau et ont analysé la même centrale électrique en utilisant un logiciel PVsyst. Ils ont conclu que la centrale proposée a un bon rapport qualité/performance et un bon facteur de rendement annuel en raison de l'emplacement de la centrale et de l'orientation du soleil dans la centrale. La viabilité technico-économique de la centrale est également appréciable, principalement en raison de l'absence de stockage par batterie.

Tahira Bano, KVS Rao et al, (2016) ont donné l'étude de performance détaillée de la centrale électrique à l'échelle de l'utilité connectée au réseau, ils ont travaillé avec les différentes méthodes de calcul de performance comme la feuille Excel, PVsyst et le modèle consultatif du système et ont traité la variation des résultats de chaque méthode de calcul de performance. Des paramètres détaillés tels que le rendement de référence, le rendement du réseau, le rendement final du réseau, les pertes du système, le taux d'intérêt et le taux d'inflation sont calculés pour atteindre un niveau de précision. Trois années de données sont prises en compte dans le calcul pour obtenir le calcul du coût de production d'électricité nivelé.

Paduchuri Chandra Babu, S.S.Dash, Ramazan Bayindir, Ranjan K.Behera et Subramani.c (2016) décrit l'analyse d'une centrale solaire sur toit connectée au réseau de 10 kWp dans un réseau de distribution. Ici le comportement des systèmes solaires PV et ses problèmes de qualité de l'énergie dans le convertisseur électronique de puissance en utilisant l'analyse matérielle en temps réel du réseau monophasé. L'analyse de l'espace d'état est effectuée pour découvrir le fonctionnement de la centrale électrique.

K. Pritam Satsangi, D. Bhagwan Das, A.K. Saxena et al, (2017) a donné l'étude détaillée qui a été réalisée à l'échelle KW centrale solaire photovoltaïque basée sur les normes IEC 61724 en calculant divers paramètres comme le ratio de performance, le rendement final et de référence, le facteur d'utilisation de la capacité pour la capacité de l'usine de 40 KWp de puissance avec la comparaison avec la convention de partage de l'énergie solaire avec la charge de la batterie, au réseau et à la charge.

Milan LJ. Markovic et Rade M. Ciric (2017) donne l'idée approfondie sur l'azimut et l'angle d'inclinaison des modules solaires photovoltaïques avec un accent particulier sur l'analyse du rendement de la centrale solaire photovoltaïque. Cela donne également l'idée sur l'utilisation du logiciel d'application PVGIS pour développer l'analyse du rendement et la perte globale du système.

**CHAPITRE - 3**
**DESCRIPTION DE LA PLANTE**

Ce chapitre traite des détails de la centrale solaire qui sont pris pour mon travail de recherche, ici toutes les spécifications de la centrale et ses spécifications techniques de base sont données dans l'ordre.

## 3.1 Rural Electrification Corporation - Institute of Power Management and Training Plant :

Rural Electrification Corporation- Institute of Power Management and Training (i.e. ), officiellement appelé Central Institute for Rural Electrification, a été créé à Hyderabad en 1979 sous l'égide de Rural Electrification Corporation Limited pour répondre aux besoins de formation et de développement des ingénieurs et des gestionnaires du secteur de l'énergie. Cette aile gouvernementale a lancé un projet de centrale solaire photovoltaïque en toiture dans le cadre du "Programme de développement durable - 2012-13" avec une capacité globale de 20 KWp de deux numéros dans son projet et le bâtiment du centre de formation. Cela permet de fournir efficacement de l'électricité pour les besoins quotidiens du bâtiment. Plus tard au cours de l'année Nov.2016, il a été converti en un système de toit avec une intégration de réseau appropriée.

La principale raison du choix de cette centrale est qu'elle est située dans l'État de Telangana. Telangana est un état qui a un facteur d'utilisation de la capacité plus élevé que tous les autres états de notre Inde. Cela me rend intéressant de commencer mon travail à partir de cette centrale. La figure montre la centrale solaire photovoltaïque de 20 kWc installée sur le toit de l'Institut de gestion de l'énergie et de formation de la Rural Electrification Corporation, à Shivarampally, Hyderabad. L'insolation solaire moyenne annuelle de ce site particulier est d'environ 5,44 KWHr par $^{m2}$.

La disposition de l'ensemble de la centrale est présentée dans la figure, où toutes les interconnexions et les terminaisons de la centrale sont indiquées. Comme mentionné précédemment, chaque réseau de l'installation est connecté avec 10 modules de chaque module polycristallin de 250 Wp, connectés en série pour former un seul réseau ; huit réseaux de modules sont ainsi obtenus dans les terminaux.

*Tableau 3.1 : Spécifications de la plante étudiée*

| S.NO | Détails de l'usine | |
| --- | --- | --- |
| | **Paramètres** | **Détails** |
| 1 | Capacité du système | 2*20KWp |
| 2 | Longitude | 78.486670 |
| 3 | Latitude | 17.3830 |
| 4 | Angle d'inclinaison | 18-20 |
| 5 | Type de module | Poly cristallin |
| 6 | Efficacité du module | 15.53% |
| 7 | Onduleur | 20 KW lié au réseau |
| 8 | Contrôleur | Type de MPPT |
| 9 | Efficacité de l'onduleur | 98.1% |

**Figure.3. 1: Image de l'usine REC_IPMT**

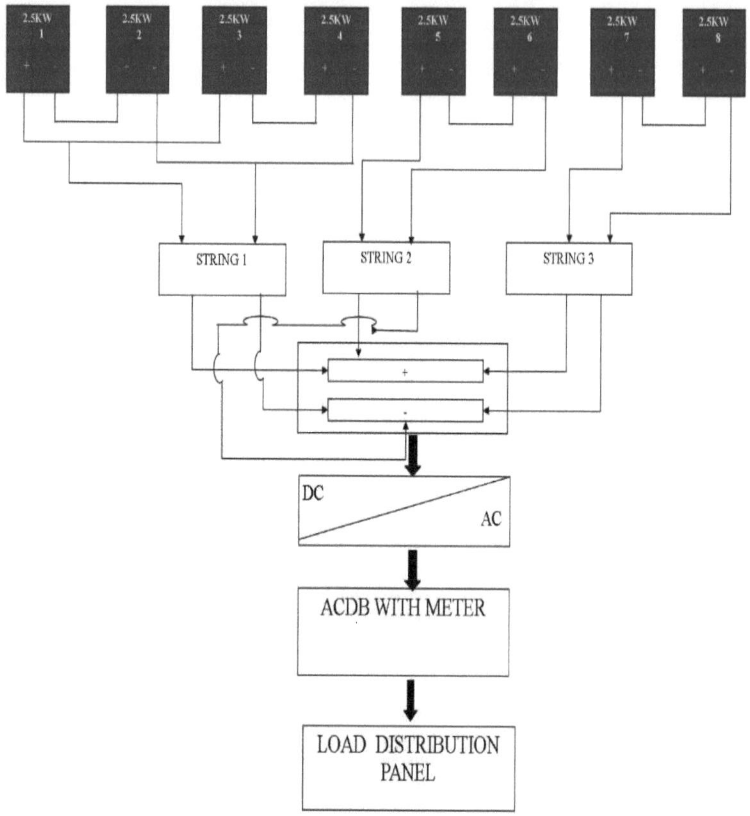


**Figure. 3.2. Disposition de deux centrales solaires de 20KWp**

Le tableau 3.1. donne les paramètres détaillés comme la capacité de l'installation de deux installations de 20 KWp connectées au réseau sans aucun mécanisme de suivi. Placement des modules dans la structure à l'angle d'inclinaison de 18-20 ° avec une orientation sud. Tous les modules sont fixés à une hauteur supérieure à 2 mètres de la toiture.

Le tableau 3.2. donne les spécifications détaillées des panneaux du système étudié. Tous les panneaux sont ventilés par nature afin de réduire les poussées de température globale des modules.

Tableau 3.2.Panel Détails de la spécification

| S.NO | Spécifications du panneau | |
| :---: | :--- | :--- |
| | **Paramètres** | **Détails** |
| 1 | Puissance nominale | 250 Wp (Tolérance +/-3%) |
| 2 | Vmp | 30,36 volts |
| 3 | Imp | 8,25 Ampères |
| 4 | Voc | 37.2 Volt |
| 5 | Isc | 8,70 Ampères |
| 6 | Tension maximale du système | 600 (USA) , 1000 (EU) |
| 7 | Condition d'essai standard | 1000 W/M2,AM = 1,5, 25° C |
| 8 | Marque et modèle | Empire et EPG 250 |

Ensuite, huit matrices de modules sont à nouveau connectées en série pour former quatre groupes de chaînes, dont deux sont connectées en parallèle pour obtenir une sortie à trois chaînes de la centrale électrique. Les sorties de trois branches de la centrale électrique sont directement alimentées dans l'onduleur de puissance pour le processus d'inversion.

L'onduleur est doté de la technologie MPPT (Maximum Power Point Tracking) et est relié au réseau afin de produire un maximum d'énergie pendant les heures d'ensoleillement. Enfin, le système atteint le panneau de distribution de la charge du campus par le biais d'une boîte de distribution de courant alternatif avec un système de comptage. Parallèlement à cette installation, le système de surveillance continue de l'installation avec le stockage en nuage est également activé.

## 3.2. NIWE - Institut national de l'énergie éolienne :

*Tableau 3.3. Spécifications de l'usine à l'étude*

| S.NO | Détails de l'usine | |
|------|-----------|---------|
| | **Paramètres** | **Détails** |
| 1 | Capacité du système | 20KWp |
| 2 | Longitude | 80.2142 |
| 3 | Latitude | 12.9567 |
| 4 | Angle d'inclinaison | 18-20 |
| 5 | Type de module | Poly cristallin |
| 6 | Efficacité du module | 15-17 % |

**Tableau 3.4. Détails des spécifications du panneau**

| S.NO | Spécifications du panneau | |
|------|-----------|---------|
| | **Paramètres** | **Détails** |
| 1 | Puissance nominale | 250 Wp (Tolérance +/-3%) |
| 2 | Vmp | 30,85 volt |
| 3 | Imp | 8,28 Ampères |
| 4 | Voc | 37.99 Volt |
| 5 | Isc | 8,81 Ampères |
| 6 | Tension maximale du système | 600 (USA) , 1000 (EU) |
| 7 | Condition d'essai standard | 1000 W/M2,AM = 1,5, 25° C |
| 8 | Marque et modèle | Solar Semiconductor et SSI-3M6-255 |

**Figure 3.3 .20_KWp centrale en toiture reliée au réseau_NIWE**

Le National Institute of Wind Energy dispose d'une toiture solaire photovoltaïque de 20 kWc liée au réseau pour alimenter son campus. Les spécifications générales du panneau et de l'installation sont détaillées dans le tableau 3.3. Et le tableau 3.4.

### 3.3. Usine de collecte de Kadapa :

*Tableau 3.5. Spécifications de l'usine à l'étude*

| S.NO | Détails de l'usine | |
|------|-------------------|---|
|      | **Paramètres** | **Détails** |
| 1 | Capacité du système | 55 KWp |
| 2 | Longitude | 78.822 |
| 3 | Latitude | 14.48 |
| 4 | Angle d'inclinaison | 30 |
| 5 | Type de module | Poly cristallin |
| 6 | Efficacité du module | 15-17 % |

**Tableau 3.6.Panel Détails de la spécification**

| S.NO | Spécifications du panneau | |
|------|--------------------------|---|
|      | **Paramètres** | **Détails** |
| 1 | Puissance nominale | 315 Wp (Tolérance +/-3%) |
| 2 | Vmp | 37 volts |
| 3 | Imp | 8,51 Ampères |
| 4 | Voc | 44.5 Volt |
| 5 | Isc | 9,25 Ampères |
| 6 | Tension maximale du système | 600 (USA) , 1000 (EU) |
| 7 | Condition d'essai standard | 1000 W/M2,AM = 1,5, 25° C |
| 8 | Marque et modèle | Premium Solar Systems Pvt. Limited et PSS 24315 |

Figure 2.4. Toit solaire relié au réseau de 55_KWp-Kadapa collecteur

**4. ABM Rooftop-Theni, TamilNadu :**

**Figure 3.5. Toiture solaire connectée au réseau de 20_KWp - ABM Theni, Tamil Nadu**

*Tableau 3.7. Spécifications de l'usine à l'étude*

| S.NO | Détails de l'usine | |
|---|---|---|
| | Paramètres | Détails |
| 1 | Capacité du système | 50 KWp |
| 2 | Longitude | 77.43 |
| 3 | Latitude | 10.006 |
| 4 | Angle d'inclinaison | 0 degré |
| 5 | Type de module | Poly cristallin |
| 6 | Efficacité du module | 15.40 % |

**Tableau 3.8.Panel Détails de la spécification**

| S.NO | Spécifications du panneau | |
|---|---|---|
| | **Paramètres** | **Détails** |
| 1 | Puissance nominale | 250 Wp (Tolérance +/-3%) |
| 2 | Vmp | 3,80 volts |
| 3 | Imp | 8,12 Ampères |
| 4 | Voc | 37.20 Volt |
| 5 | Isc | 8,96 Ampères |
| 6 | Tension maximale du système | 600 (USA) , 1000 (EU) |
| 7 | Condition d'essai standard | 1000 W/M2,AM = 1,5, 25° C |
| 8 | Marque et modèle | WAAREE et WS-250 |

Cette centrale connectée au réseau et installée sur un toit est située dans le district de Theni, au Tamil Nadu. Les détails de la plaque signalétique de l'installation en toiture sont clairement indiqués dans le tableau.

**CHAPITRE-4**

**MÉTHODOLOGIE**

### 4.1. Facteur d'utilisation de la capacité :

Le facteur d'utilisation de la capacité est un paramètre essentiel pour étudier le facteur de charge de la centrale. Ce facteur de capacité ne prend pas en compte les paramètres environnementaux tels que les effets de l'irradiation, la température du module et même les effets de la dégradation des modules photovoltaïques. Un paramètre important comme la disponibilité du réseau n'est pas non plus pris en compte dans le calcul du facteur de capacité. La capacité est le rendement de production le plus élevé d'une centrale électrique, généralement mesuré en KW, MW ou GW.

Le facteur d'utilisation de la capacité d'une centrale solaire photovoltaïque est principalement le rapport entre l'énergie mesurée ou la production d'énergie et le produit de la durée annuelle et de la capacité installée de la centrale,

$$CUF = \frac{EnergyMeasured\ (Kwhr)}{(365 * 24 * Installed\ capacity)}$$

La production d'énergie solaire dépend principalement de deux paramètres, à savoir le rayonnement solaire reçu et un ensoleillement clair à l'emplacement de la centrale. Selon le rapport du MNRE de 2013, le facteur d'utilisation moyen de la capacité des centrales solaires en Inde se situe entre 15 et 19 %.

Par conséquent, il n'est pas acceptable que le facteur d'utilisation de la capacité soit un paramètre juste à prendre en compte lors de l'évaluation de la performance des centrales solaires photovoltaïques. A l'avenir, le facteur d'utilisation de la capacité de la centrale est calculé pour une durée de 24 heures, ce qui n'est pas le cas de la centrale solaire photovoltaïque car la production d'énergie solaire ne dure pas 24 heures.

Il ne concerne que les heures d'ensoleillement d'un maximum de 6-8 heures. Ainsi, il n'est pas possible de comparer le facteur d'utilisation de la capacité d'une centrale solaire photovoltaïque avec des centrales électriques conventionnelles comme les centrales thermiques.

## 4.2. Ratio de performance :

### 4.2.1. Approche théorique

Comme décrit dans l'introduction, le PR varie en fonction des changements des conditions météorologiques (et donc tout au long de l'année). Pourtant, le PR est une mesure importante pour l'industrie. L'objectif de ce rapport est d'atténuer le risque causé par la nature inexacte du RP en définissant une mesure modifiée : le RP corrigé des conditions météorologiques.

Pour quantifier cette variabilité et montrer comment elle peut être réduite ou supprimée, nous calculons le PR en utilisant deux méthodes différentes : la méthode décrite dans la norme CEI 61724 et une nouvelle méthode qui corrige le PR pour les conditions météorologiques dépendant du site. Les simulations sont présentées pour une installation située dans le sud-ouest des États-Unis. L'équation (1) montre comment le PR est traditionnellement calculé. L'équation (2) montre les modifications à apporter pour obtenir un PR corrigé en fonction des conditions météorologiques. La différence entre les deux est que le PR corrigé des conditions météorologiques contient un terme pour traduire la puissance modélisée en température moyenne de fonctionnement de la cellule. La température de fonctionnement de la cellule tient compte des effets de la température ambiante et du vent (ainsi que du réchauffement dû à l'ensoleillement). L'utilisation d'une cellule de référence appariée pour mesurer l'éclairement énergétique permet d'éviter la nécessité de corriger également les variations spectrales. Aucune tentative n'a été faite ici pour corriger d'autres effets météorologiques, tels que les pertes dues à la neige, les pertes dues à l'encrassement, ou les effets de l'irradiance variable sur l'efficacité. Alors que les corrections pour ces effets météorologiques supplémentaires pourraient produire des résultats plus cohérents, l'équation (2) fournit un moyen simple de tenir compte des effets primaires.

(1) *PR= ΣENAC_iiΣ□PSTC□GPOA_iGSTC□□i*

(2) *PRcorr= ΣENAC_iiΣ□PSTC□GPOA_iGSTC1− δ100□Tcell_typ_avg − Tcell_i*

Où : Les sommations portent sur une période de temps définie (jours, semaines, mois, années).

*PR* = ratio de performance (unité en moins)

*PRcorrected*= rapport de performance corrigé (unité en moins)

*ENAC* = production électrique CA mesurée (kW)

*PSTC* = somme des puissances nominales des modules installés provenant des données de l'essai éclair (kW)

*GPOA* = éclairement énergétique mesuré du plan du réseau (POA) (kW/m2)

*i* = un moment donné dans le temps

*GSTC* = éclairement énergétique aux conditions d'essai standard (STC) (1 000 W/m2)

*Tcell* = température de la cellule calculée à partir des données météorologiques mesurées (°C)

*Tcell_type_avg* = température moyenne de la cellule calculée à partir d'une année de données météorologiques en utilisant le fichier météorologique du projet (°C)

δ = coefficient de température de la puissance (%/°C, signe négatif) qui correspond aux modules installés.

Ceci montre le PR non corrigé et corrigé calculé à partir d'une simulation. (Une simulation est utilisée car elle représente un système idéal où tous les aspects qui contribuent à la production d'électricité sont contrôlés. Ceci est nécessaire pour montrer qu'une mesure de performance n'est pas une valeur constante. Le lecteur est encouragé à répéter cette analyse).

Dans ce graphique, le PR est calculé pour chaque mois de la simulation de l'année. Les marqueurs bleus sont les valeurs de PR calculées à l'aide de l'équation (1), et les marqueurs rouges montrent le PR corrigé pour la même période, calculé à l'aide de l'équation (2). Notez que le PR non corrigé change de 10% au cours de l'année. Ce biais se traduira par des valeurs faussement élevées pendant les mois d'hiver (entraînant un risque pour le client PV car une installation peu performante pourrait réussir le test à tort pendant cette période) et des valeurs faussement basses pendant les mois d'été (entraînant un risque pour l'installateur PV). C'est cette instabilité de la mesure qui est à l'origine de la correction du PR. Sans la correction météorologique, le PR n'est pas cohérent tout au long de l'année.

Certains ont tenté de remédier à cette erreur en produisant un tableau qui indique le RP pour chaque mois. Cependant, cette mesure reste biaisée si le mois est anormalement chaud ou frais pour la saison, ce qui peut entraîner un résultat faussement élevé ou bas. Toutes les parties à un accord courent un risque météorologique pendant les périodes de test, ce qui peut entraîner une fausse réussite ou un échec si des mesures non corrigées sont utilisées.

Il est recommandé d'utiliser le calcul corrigé en fonction de la météo et le fichier météo du projet convenu d'un commun accord si le PR doit être utilisé pour une mesure contractuelle. On évite ainsi le risque que les conditions météorologiques produisent des relevés erronément élevés ou bas.

Comme on peut le constater, les données corrigées sont plus cohérentes tout au long de l'année - un meilleur choix pour démontrer les garanties contractuelles.

## 4.3. Rapport de performance corrigé des conditions météorologiques :

Il est recommandé aux praticiens d'adopter pleinement l'approche mathématique de la mesure du RP corrigé des conditions météorologiques afin de garantir la fidélité du RP final calculé. Cependant, les termes commerciaux peuvent être ajustés selon les besoins pour des éléments tels que le nombre de capteurs, les critères d'irradiation minimale et le traitement de l'incertitude de mesure.

### 4.3.1. Objectif

Les procédures ci-dessous décrivent la méthode de calcul utilisée pour déterminer le PR corrigé en fonction des conditions météorologiques pour un test d'acceptation de la centrale. Le principe directeur est que l'approche de mesure et de calcul fournit une méthode qui aboutit à une métrique précise et cohérente pour déterminer si les garanties de performance ont été démontrées. Cette mesure ne doit pas être biaisée par les conditions limites du test et doit donc être équitable pour toutes les parties. Le but est de mesurer par rapport à une garantie annuelle de RP.

**Parties au test et responsabilités**

Les parties au test sont définies dans le contrat. Il peut s'agir du propriétaire, de l'entrepreneur et d'un ingénieur indépendant. Toutes les parties doivent accepter ce protocole avant le début du test. L'essai sera exécuté par l'entrepreneur. Toutes les données brutes de l'essai, les feuilles de calcul et les calculs pertinents seront fournis à toutes les autres parties de l'essai pour qu'elles les examinent. Le contractant fournira les données brutes avant toute manipulation et soulignera toute lacune dans les données. Le rapport d'essai final sera produit par le contractant dans les délais prévus par le contrat.

Les calculs comprennent les principales étapes suivantes pour chaque enregistrement de données (ou intervalle de temps) où l'éclairement énergétique est suffisant pour le fonctionnement de l'onduleur :

1. Méthode actuelle pour calculer la température de fonctionnement de la cellule à partir des mesures ambiantes et météorologiques.

2. Déterminer la température moyenne des cellules PV du parc solaire à partir de la simulation du fichier météo du projet.

3. Calculer la température prédite des cellules PV à partir des données météorologiques mesurées pour chaque période de 15 minutes.

4. Utilisez l'irradiance mesurée pour calculer l'énergie DC théorique corrigée en fonction de la température.

5. Déterminez le PR mesuré et corrigé en fonction des conditions météorologiques.

6. Comparer avec les valeurs garanties.

## 4.3.2. Température de fonctionnement de la cellule

Les relations suivantes sont utilisées pour calculer la température de la cellule de fonctionnement du module à partir des données météorologiques. Ce modèle de transfert de chaleur est dérivé de l'article de Sandia National Laboratories *Photovoltaic Array Performance Model* de King et Boyson [10]. Il existe d'autres modèles de transfert de chaleur qui peuvent être utilisés pour calculer la température de fonctionnement des cellules à partir de mesures métrologiques. Ce qui est absolument important, c'est que le même modèle de transfert de chaleur soit utilisé pour calculer les deux :

- Température moyenne de la cellule, pondérée par l'irradiation, provenant du fichier météo du projet [°C].

  - Température de fonctionnement prévue de la cellule.

Ces paramètres sont décrits ci-dessous. Si elles ne sont pas référencées séparément, toutes les méthodes d'ingénierie présentées dans ce rapport sont dérivées de King et Boyson [10]. Le calcul se fait en deux étapes : (a) déterminer la température arrière du module, (b) déterminer la température de fonctionnement interne de la cellule. Calculée avec l'équation (3).

$$(3)\ Tm = AOPG * \{e\ (a+b*WS)\} + Ta\ [°C]$$

Où :

$Tm$ = température de la surface arrière du module [°C].

$GPOA$ = irradiance POA des cellules de référence étalonnées [W/m2].

$Ta$ = température ambiante [°C]

$WS$ = la vitesse du vent mesurée, corrigée à une hauteur de mesure de 10 mètres [m/s].

$a$ = constante empirique reflétant l'augmentation de la température du module avec la lumière du soleil

$b$ = constante empirique reflétant l'effet de la vitesse du vent sur la température du module [s/m].

$e$ = constante d'Euler et base du logarithme naturel.

Le terme entre parenthèses {} est un coefficient de transfert de chaleur par conduction/convection déterminé empiriquement et a pour unité [°C m2/kW]. Les coefficients empiriques présentés dans le tableau 4.1 sont recommandés par King et Boyson [10].

**Tableau.4. 1. Coefficients empiriques de transfert de chaleur par convection Type de module**

| Coefficients empiriques de transfert de chaleur par convection Type de module | Le Mont | $a$ | $b$ | $\Delta Tcnd$ (°C) |
|---|---|---|---|---|
| Verre/cellule/verre | Rack ouvert | -3.47 | -0.0594 | 3 |
| Verre/cellule/verre | Montage sur toit fermé | -2.98 | -0.0471 | 1 |
| Feuille de verre/cellule/polymère | Rack ouvert | -3.56 | -0.0750 | 3 |
| Feuille de verre/cellule/polymère | Dos isolé | -2.81 | -0.0455 | 0 |
| Polymère/film mince/acier | Rack ouvert | -3.58 | -0.1130 | 3 |

$Tm$ = température de surface prévue du module, déterminée par l'équation (3) [°C].

$GPOA$ = éclairement énergétique du POA, tel que décrit ci-dessus [W/m2].

$GSTC$ = irradiation de référence pour la corrélation ; constante à 1 000 [W/m2].

$\Delta Tcnd$ = chute de température par conduction comme présenté dans le tableau 2.

### 4.3.3. Température moyenne des cellules PV à partir du fichier météo du projet

Le fichier météorologique du projet (basé sur des données historiques ou des données mesurées spécifiquement pour le projet) est mentionné dans le contrat comme étant la base des garanties du projet. Il faut également connaître l'irradiation POA prévue, calculée à partir de ce fichier. Cette information sera utilisée pour calculer la température annuelle moyenne simulée de la cellule en fonctionnement. Pour ce faire, on calcule la température de fonctionnement de la cellule à l'aide des équations (3) et (4) pour chaque heure des données météorologiques. L'étape suivante consiste à calculer la température moyenne de la cellule pondérée par l'irradiance à l'aide de l'équation (5).

(5) *Tcell_type_avg* = Σ *[GPOA_type_j * Tcell_type_j] / Σ [GPOA_type_j]*

**Où :**

*Tcell_type_avg* = température moyenne de la cellule pondérée par l'irradiation à partir d'une année de données météorologiques utilisant le fichier météorologique du projet [°C].

*Tcell_type_j* = température de fonctionnement de la cellule calculée pour chaque heure [°C].

*AOPG_type_j* = Irradiance du POA pour chaque heure déterminée à partir du fichier météo du projet et de l'orientation du tracker [W/m2]. Cette irradiance est considérée comme nulle si le soleil n'est pas levé.

*j* = chaque heure de l'année (8 760 heures au total).

Cette température moyenne annuelle des cellules sera une constante pour tous les calculs ultérieurs. Comme cette valeur moyenne est pondérée par l'irradiation, les heures à forte irradiation ont une plus grande influence que les heures à faible irradiation. Les heures sans soleil n'ont aucun impact.

L'équation (5) est développée mathématiquement. C'est cette température moyenne annuelle de la cellule, propre à l'emplacement, qui permet de corriger le PR à partir des données mesurées pour le remplacer par celui prévu lorsque le fichier météorologique du projet est utilisé dans une simulation pour déterminer le PR garanti. C'est cette valeur qui permet à la correction météorologique de fonctionner avec précision. Un test de preuve de concept consiste à prendre la simulation et à calculer le PR en utilisant la méthode traditionnelle, puis à calculer avec la méthode corrigée en fonction des conditions météorologiques décrite dans cette procédure. Les valeurs seront identiques.

### 4.3.4. Calcul de la température prédite des cellules PV à partir des données météorologiques mesurées

Pendant le test, nous devrons calculer la température prédite de la cellule pour les données météorologiques mesurées en utilisant les équations (3) et (4). Ces équations sont réécrites ici pour plus de clarté :

$$(6)\ Tm\_i = GPOAi * \{e\ (a+b*WSi)\} + Ta\_i\ [°C]$$

$$(7)\ Tcell\_i = Tm\_i + (GPOAi/GSTC) * 3\ [°C]$$

Où :

*i* = chaque période de 15 minutes de la période de mesure de l'essai où l'éclairement énergétique mesuré dépasse les critères minimaux. Toute modification de cette période de calcul de la moyenne doit faire l'objet d'un accord préalable, car le choix de la période a une faible incidence sur la température calculée de la cellule.

*WSi* = vitesse du vent corrigée à 10 m de hauteur pour la période *i* [m/s].

$Tm\_i$ = température de la surface arrière du module pour la période $i$ [°C].

$Tcell\_i$ = température de fonctionnement de la cellule pour la période $i$ [°C].

### 4.3.5. Production théorique d'énergie en courant continu corrigée en fonction de la température

L'énergie DC théorique corrigée en fonction de la température sera calculée avec des valeurs moyennes pour chaque intervalle de données de 15 minutes en utilisant l'équation (8) :

**(8) $ENDCi = (PSTC) * [GPOAi /GSTC] * [1 - \delta (Tcell\_type\_avg - Tcell\_i)]*(TimeStep)$**

**Où :**

$i$ = défini ci-dessus

$ENDCi$ = énergie CC théorique corrigée en fonction de la température au cours du pas de temps $i$ [kWh].

$PSTC$ = somme des valeurs nominales de tous les modules installés dans des blocs de puissance donnés pendant l'essai de réception [kW].

$GPOAi$ = irradiance du POA moyennée sur le pas de temps $i$ [W/m2].

$GSTC$ = irradiance STC [1 000 W/m2]

$\delta$ = coefficient de température de la puissance (de signe négatif) qui correspond aux modules installés [1 / °C].

$Tcell\_type\_avg$ = température annuelle moyenne de la cellule pour le fichier météo du projet, calculée par l'équation (5)

$Tcell\_I$ = température de fonctionnement de la cellule pour la période $i$, calculée selon l'équation (7) [°C].

$TimeStepi$ = intervalle date/heure pour chaque enregistrement de données $i$ (15 minutes = 0,25 heure) [hr].

### 4.3.6. Déterminer le PR corrigé et mesuré

Pour la période d'essai, la PR corrigée en fonction de la température est déterminée en additionnant l'énergie c.a. mesurée et l'énergie c.c. théorique corrigée en fonction de la température sur toutes les périodes de 15 minutes admissibles *(i)*.

**(9)** *PRcorrected* = $\Sigma$ *[ENACi]* / $\Sigma$ *[ENDCi]*

**Où :**

*PRcorrected*= PR corrigé des conditions météorologiques pour la période d'essai

*ENACi* = production d'énergie mesurée en CA [kWh].

*ENDCi* = énergie théorique en courant continu corrigée en fonction de la température [kWh].

Les périodes éligibles sont définies dans le contrat ainsi que dans la section "Exigences de test" de ce document.

### 4.3.7. Comparaison avec les valeurs garanties

Le test sera considéré comme un succès si le RP corrigé est supérieur ou égal à la valeur garantie avec une tolérance de 95% (ou la tolérance spécifiée dans le contrat) en raison de l'incertitude appliquée - et si les garanties de disponibilité ont été respectées :

**(10)** *PRcorrected* $\geq$ *(ContractTolerance)* * *PRguar*

**Où :**

*ContractTolerance* = tolérance pour tenir compte de l'incertitude de mesure, comme spécifié dans le contrat (95% est recommandé comme valeur par défaut)

*PRguar* = PR garanti défini dans le contrat.

**CHAPITRE - 5**
**OBSERVATIONS ET CONCLUSIONS**

## 5. Analyse des performances

### 5.1. Facteur d'utilisation de la capacité

### 5.1.1. Rural Electrification Corporation Institute of Power Management and Training :

### 5.1.1.1. Centrale du projet-20KWp

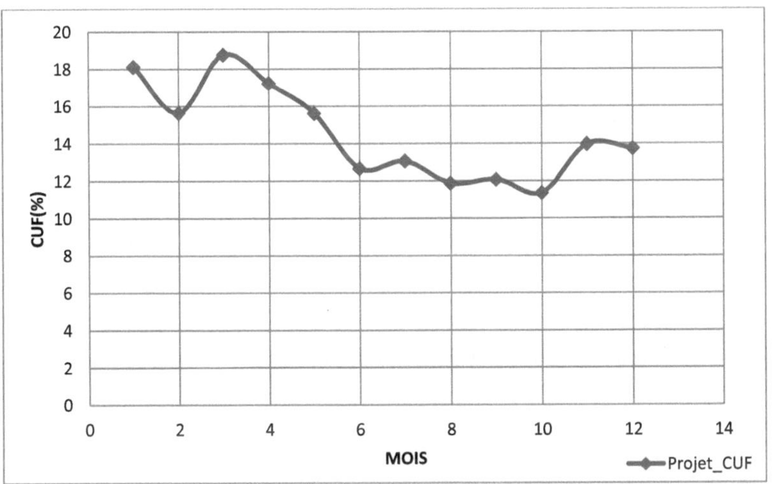


**Figure.5 1.Facteur d'utilisation des capacités du centre de projet, RECIPMT**

La      figure 5.1 donne le facteur d'utilisation de la capacité globale de l'usine du centre du projet RECIPMT, avec ce graphique nous déduisons clairement le facteur d'utilisation de la capacité globale de l'usine du centre du projet. D'un point de vue général, on peut en déduire que la performance globale de l'usine est bonne si on la compare à celle du MNRE (Ministry of New and Renewable Energy). 18% de facteur d'utilisation de la capacité est également enregistré dans les relevés annuels globaux. Une analyse approfondie du CUF de l'usine du centre du projet est discutée dans les représentations graphiques suivantes.

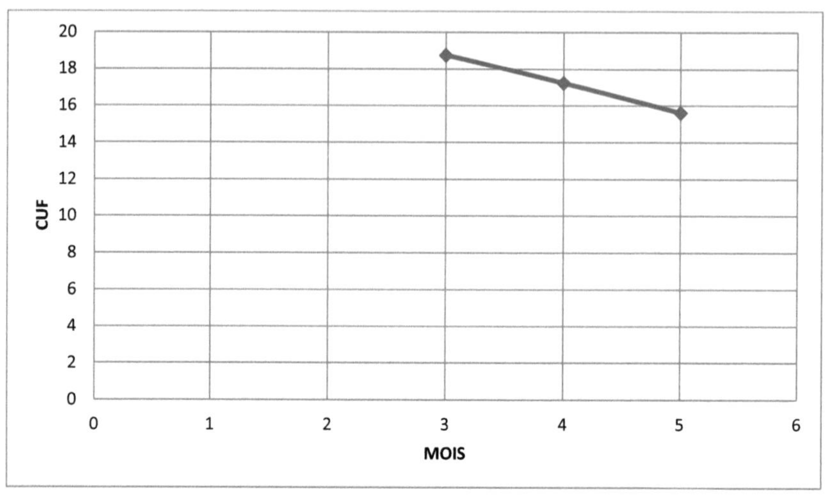

**Figure.5 2CUF saisonnier (été)**

La figure 5.2. Donne l'analyse approfondie du CUF pendant la saison d'été. Il est clairement évident que le CUF global de la centrale du projet a été considérablement réduit pendant la saison d'été, ce qui est principalement dû à l'effet de la température. La température ambiante de l'environnement est plus élevée que la température de fonctionnement du panneau, ce qui apparaît directement dans les résultats (c.-à-d.) CUF de 19% à moins de 16% pendant la saison estivale.

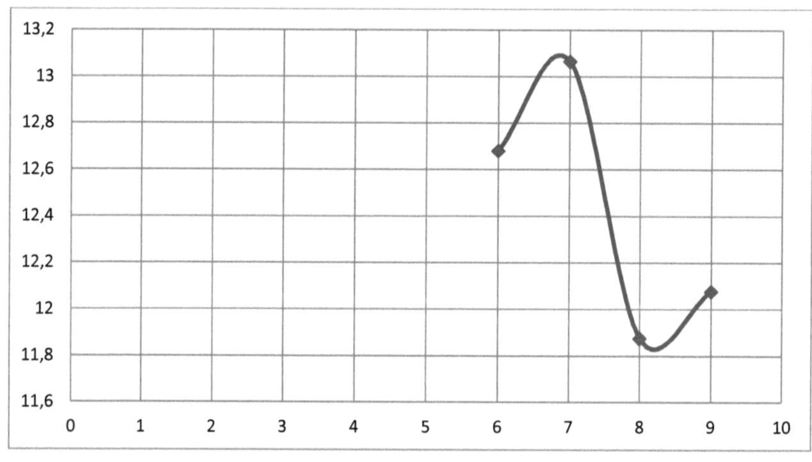

**Figure.5 3. CUF saisonnier (pluvieux)**

La       figure 5.3. donne la représentation graphique du facteur d'utilisation de la capacité de la centrale pendant la saison des         pluies. Le graphique montre qu'il y a une forte baisse du CUF. Ceci est principalement dû à l'effet d'ombre (ou) Shading.

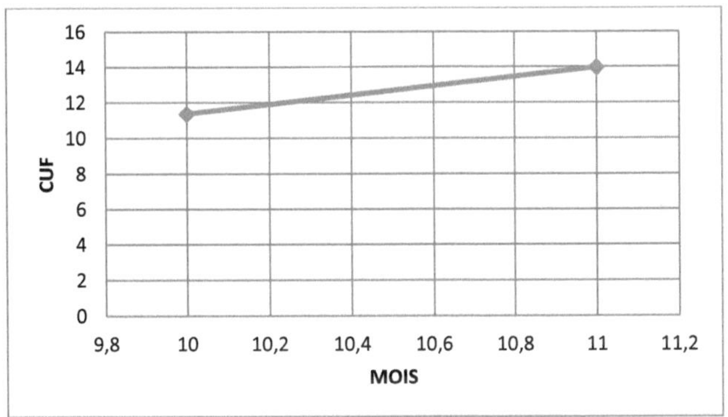


**Figure.5 4. CUF saisonnier (automne)**

La figure 5.4. Donne le facteur d'utilisation de la capacité du centre de projet pour la saison d'automne. En comparant les performances du mois de novembre avec celles du mois d'octobre, on constate une augmentation du facteur d'utilisation de la capacité de l'usine du centre de projet.

La figure 5.5 donne le facteur d'utilisation de la capacité de la saison d'hiver. Il y a une augmentation considérable du facteur d'utilisation de la capacité globale de la centrale, ce qui est principalement dû à la température du module (c.-à-d.) la température ambiante est très basse par rapport à toutes les autres saisons sur le site de la centrale.

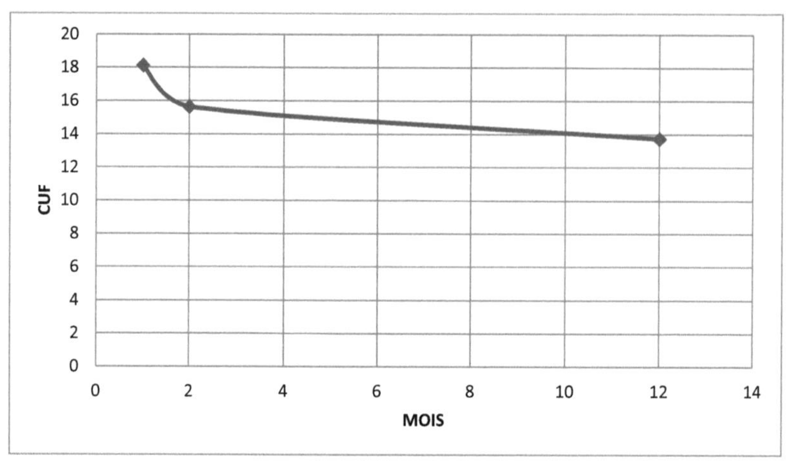

**Figure.5 5.CUF saisonnier (hiver)**

## 5.1.1.2. Centrale du centre de formation-20KWp

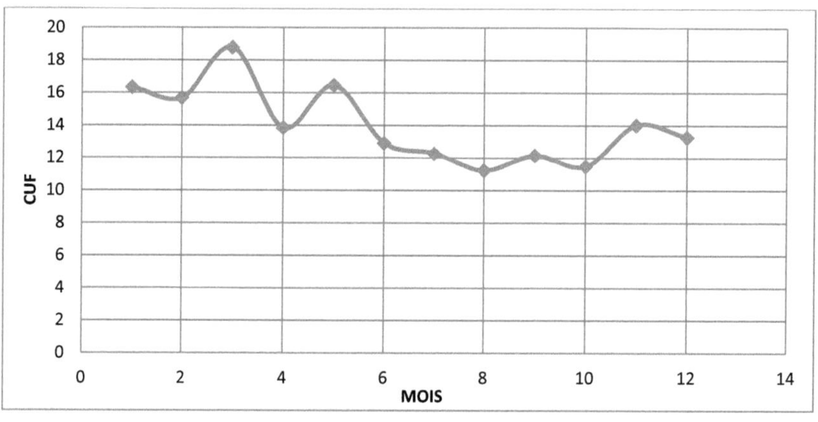

**Figure.5 6facteur d'utilisation de la capacité du centre de formation, RECIPMT**

La figure 5.6. Donne le facteur d'utilisation de la capacité annuelle du centre de formation du RECIPMT. La représentation graphique montre clairement qu'un pourcentage appréciable du facteur d'utilisation de la capacité est atteint. Le pourcentage de CUF le plus élevé, soit 19%, est enregistré dans l'analyse annuelle.

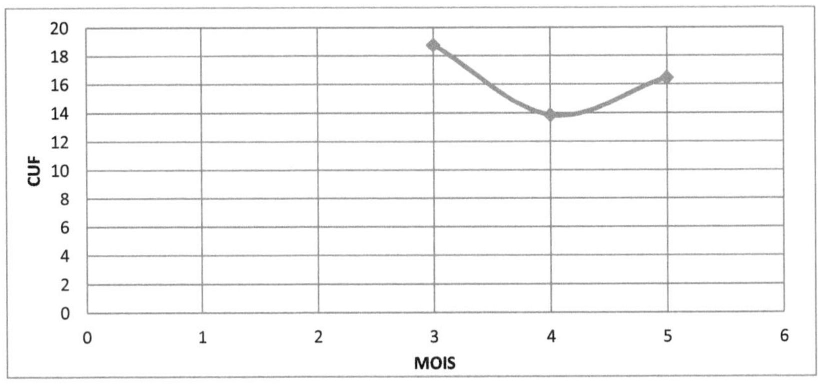

**Figure.5 7.CUF saisonnier (été)**

La figure 5.7. Donne le CUF de la saison d'été de la centrale du centre de formation. On constate une baisse des performances de la centrale par rapport aux performances de la centrale du centre de formation en hiver. Ceci est principalement dû à la température ambiante élevée (i.e.) qui à son tour augmente la température du module.

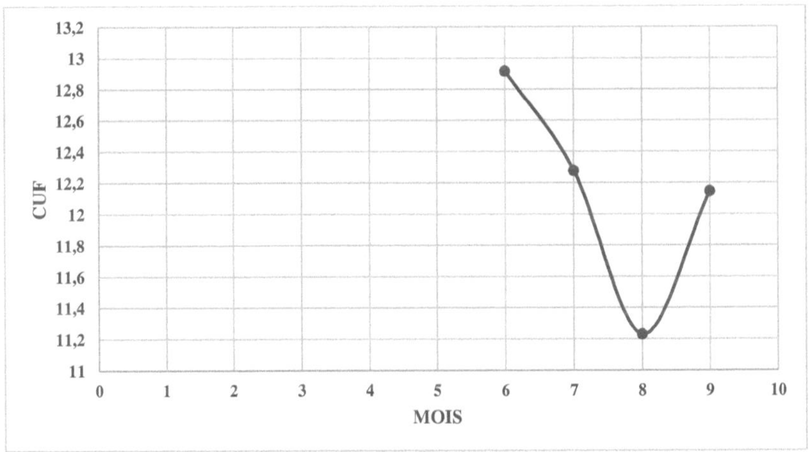

**Chiffre.5 8.Seasonal CUF (pluvieux)**

La figure 5.8 donne la représentation graphique du CUF de la plante du centre de formation pendant la saison des pluies. On constate une baisse du CUF de l'usine, principalement due à l'effet d'ombre des arbres situés à proximité de l'usine. Cet effet d'ombre est dû à l'effet d'équinoxe.

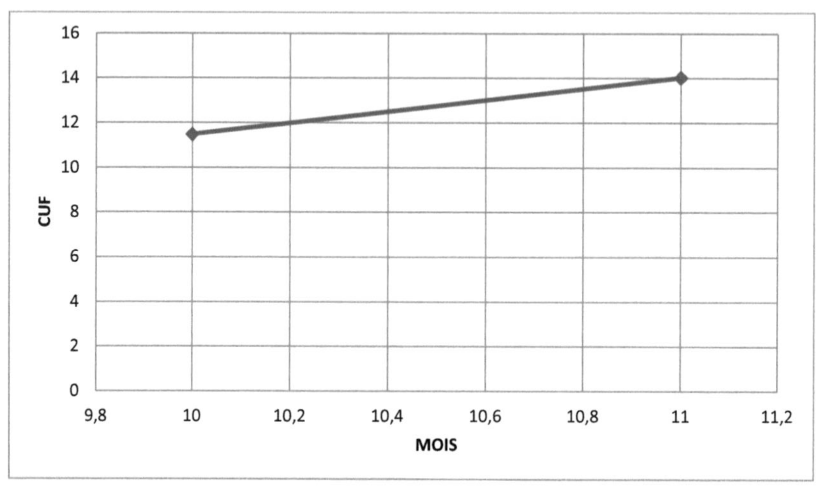

**Chiffre.5 9.Seasonal CUF (automne)**

La figure 5.9. Montre la représentation graphique du CUF d'automne de l'usine du centre de formation. L'augmentation du CUF du mois de novembre par rapport à celui d'octobre est principalement due à la baisse de la température ambiante de l'atmosphère et aux conditions climatiques de la localité.

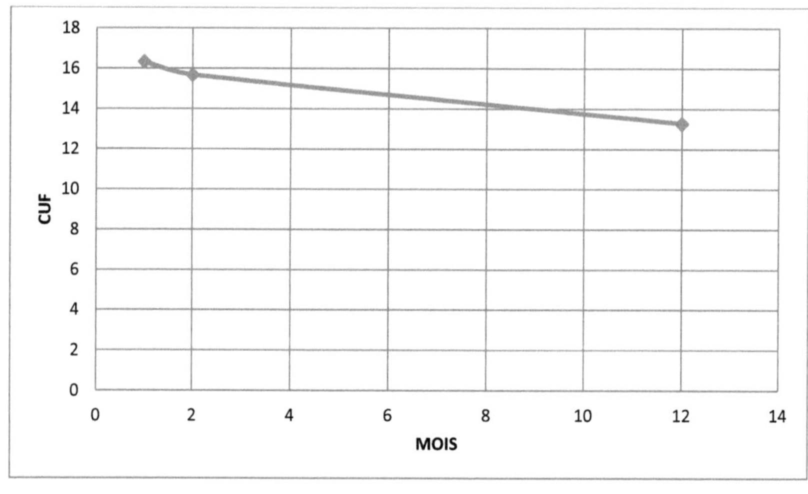

**Figure.5 10.CUF saisonnier (hiver)**

La figure 5.10. Montre la représentation graphique de la saison d'hiver CUF de la centrale du centre de formation. La baisse de performance globale de la centrale est principalement due à l'effet d'ombre, même si la température ambiante est plus basse.

### 5.1.2. Institut national de l'énergie éolienne - 20 KWp

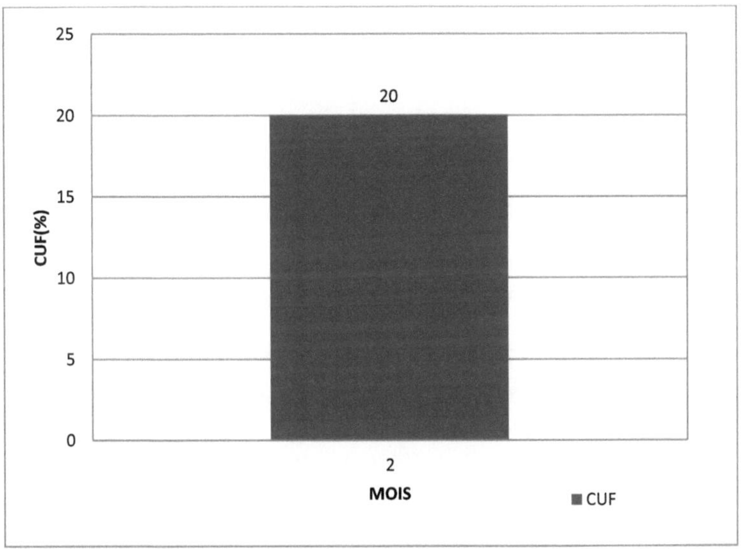


**Figure.5 11. Facteur d'utilisation de la capacité de l'usine NIWE**

La figure 5.11. Montre la représentation graphique du système NIWE connecté au réseau sur le toit. Cette installation a été étudiée pendant la saison d'été et il est évident que 20 % des CUF ont été enregistrés pendant la phase d'analyse. Cela est dû au fait qu'il a été enregistré pendant la saison d'hiver uniquement. Par conséquent, la température du module reste inférieure à la température de fonctionnement. Les CUF globaux de l'installation NIWE sont testés pendant une journée complète.

### 5.1.3. Collecteur de Kadapa 55KWp

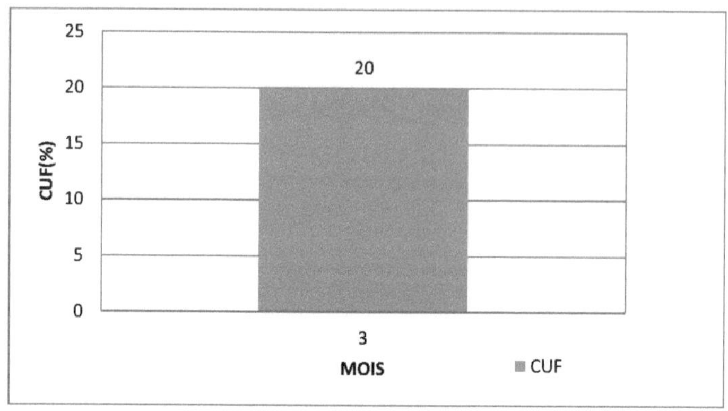

**Figure.5 12. Facteur d'utilisation de la capacité de la centrale de Kadapa Collectorate**

La figure 5.12. Montre la représentation graphique de la centrale de Kadapa Collectorate, dont le rendement est de 20 %. Ce résultat est dû principalement à la qualité des modules, à l'efficacité de l'onduleur et à la qualité générale de la centrale.

### 5.1.5. GAB Hôtel-50 KWp

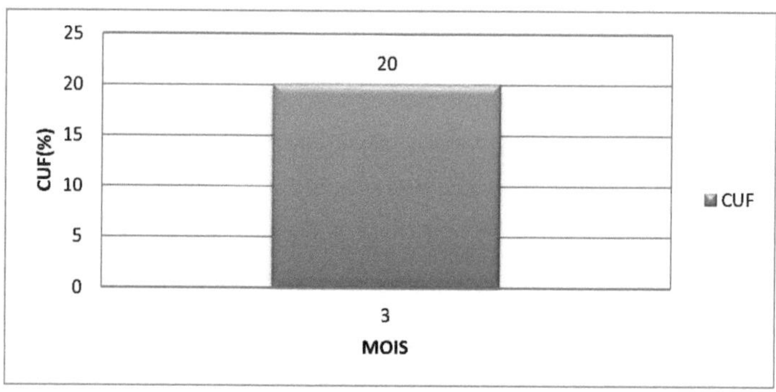

**Figure.5 13.Facteur d'utilisation de la capacité des GAB**

La figure 5.13. Montre la représentation graphique des CUF d'ABM Hotel, TamilNadu. Le CUF global de l'installation est d'environ 20%. Ces CUF élevés sont maintenus en raison de l'installation récente d'un système solaire photovoltaïque lié au réseau, qui est également situé dans une zone sans ombre.

## 5.2. Rapport de performance

### 5.2.1. Rural Electrification Corporation Institute of Power Management and Training :

#### 5.2.1.1. Centrale du projet-20KWp

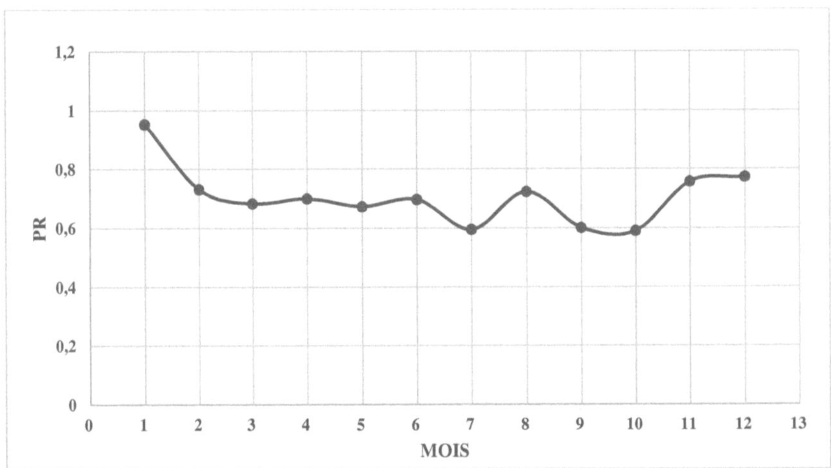


**Figure.5 14. Ratio de performance globale du centre de projet**

La       figure 5.14 montre la représentation graphique de la courbe du ratio de performance annuelle globale pour la centrale du centre de projet. Les performances moyennes annuelles du centre de projet sont meilleures que les valeurs standard prescrites par la norme IEC 61724, car le rapport de performance globale du centre de projet est de 0,71, ce qui est supérieur à la valeur définie.

La figure 5.15. montre la représentation graphique du rapport de performance en été. Ici, il est clairement évident que l'on observe une baisse du PR. Cette énorme chute du PR d'environ 0,68 est principalement due à la température du module et aux problèmes d'installation du courant continu, comme la défaillance de la diode de blocage, etc.

La figure 5.16. Montre la représentation graphique de la saison des pluies, que cette baisse de PR d'environ 0,6, même s'il n'y a plus de poussée de température du module. Ceci est principalement dû au fait que les radiations qui arrivent pendant ces jours de saison des pluies sont de type complètement diffus. Puisque nous relayons beaucoup sur le module poly cristallin, il ne peut pas beaucoup fonctionner sur le type de rayonnement diffus.

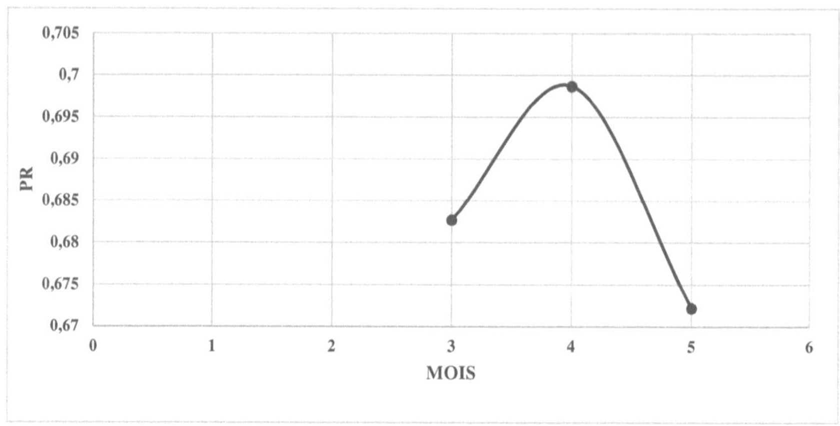

**Figure.5 15.Centre de projet PR saisonnier (été)**

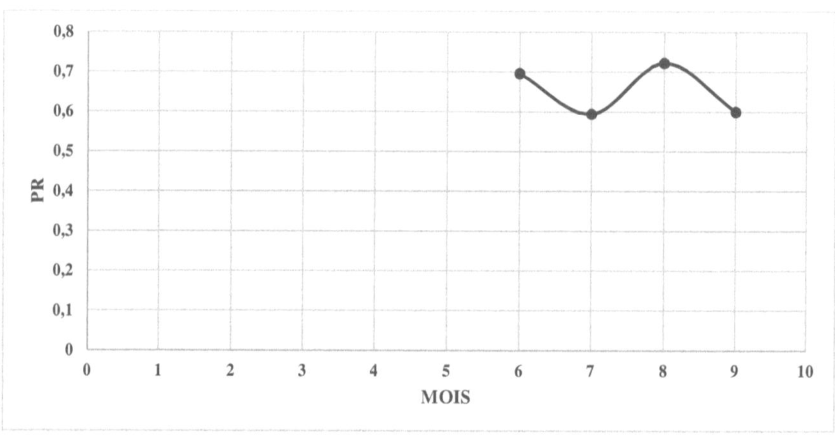

**Figure.5 16. Centre saisonnier du projet PR (pluvieux)**

La figure 5.17. Montre la représentation graphique de la PR de la centrale du centre du projet en automne. On observe une augmentation maximale de la PR au cours du mois de novembre, principalement due à la présence d'un ciel clair et à une température ambiante plus basse.

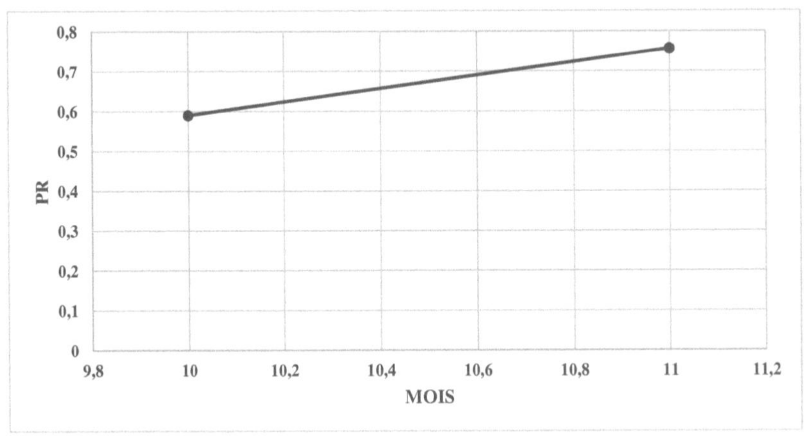

**Figure.5 17.Centre de projet PR saisonnier (automne)**

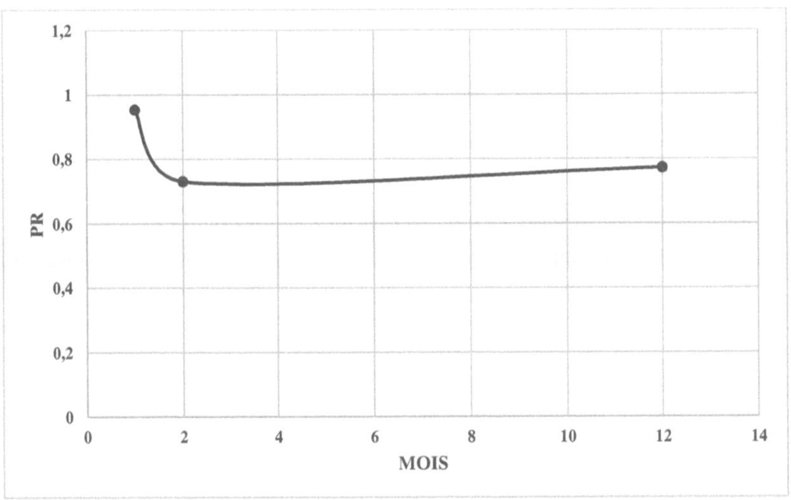

**Figure.5 18.Centre de projet PR saisonnier (hiver)**

La figure 5.18. montre la représentation graphique de la saison hivernale de la centrale du centre de projet. On peut y observer une meilleure performance de la centrale, ce qui est principalement dû à deux paramètres : la température du module est basse et le ciel est dégagé sans aucun nuage pour perturber la production de la centrale.

### 5.2.1.2. Centrale du centre de formation-20KWp

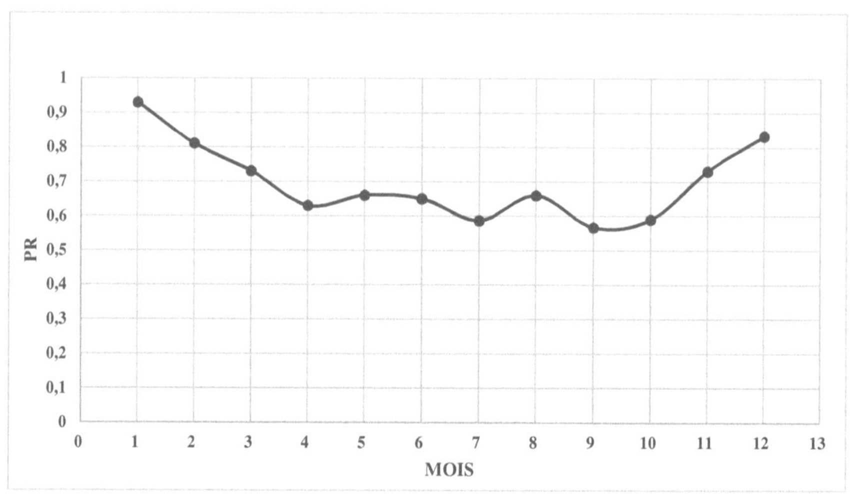

**Figure.5 19. Ratio de performance globale de l'usine du centre de formation**

La figure 5.19 montre la représentation graphique de la courbe du ratio de performance annuel global pour l'usine du centre de       formation. Comme le ratio de performance globale du centre de formation sont 0,70, ce qui est supérieur à la valeur définie. Les performances moyennes annuelles du centre de formation sont meilleures que les valeurs standard prescrites par la norme IEC 61724.

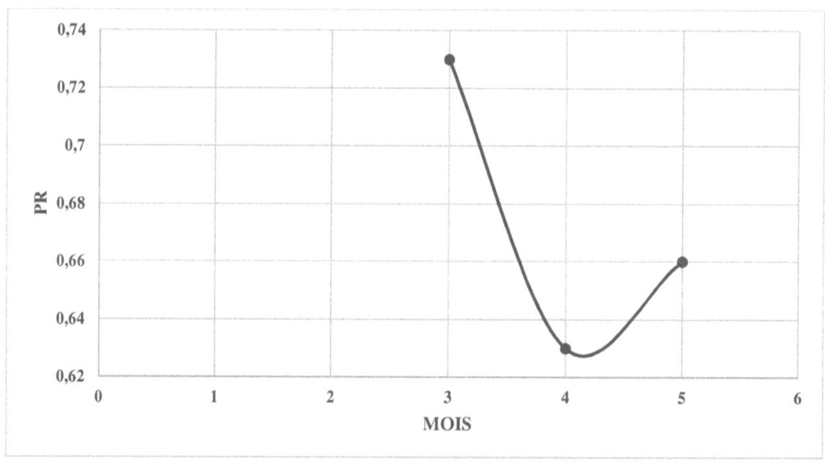

**Figure.5 20.Seasonal Centre de formation PR (été)**

La figure 5.20. montre la représentation graphique du rapport de performance de la centrale du centre de formation en été. Ici, il est clairement évident que l'on observe une baisse du PR. Cette énorme chute du PR d'environ 0,63 est principalement due à la température du module et à l'effet d'ombrage.

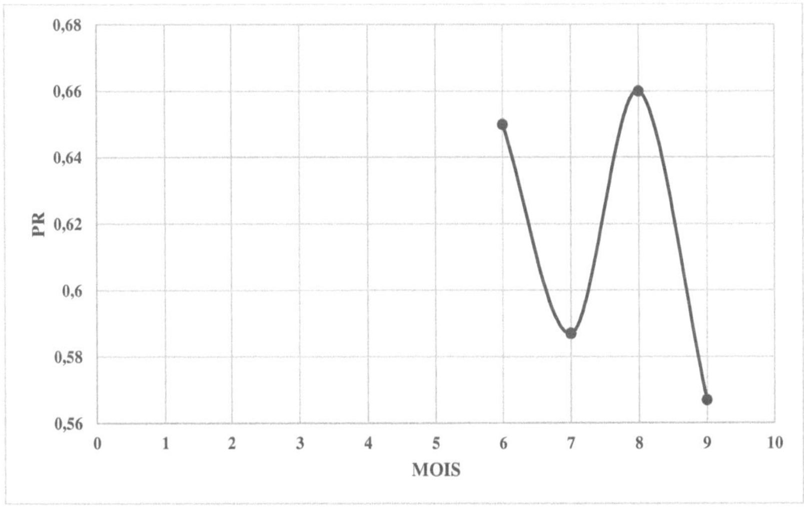

**Figure.5 21.Seasonal Centre de formation PR (pluvieux)**

La figure 5.21. Montre la représentation graphique de la saison des pluies de la centrale du centre de formation, que cette baisse de PR est d'environ 0,56, même s'il n'y a plus de poussée de température du module. Puisque nous nous appuyons beaucoup sur le module poly cristallin, il ne peut pas être très performant sur le type de rayonnement diffus.

La figure 5.22. Elle montre la représentation graphique de l'indice de performance de la centrale du centre de formation en automne. On observe une augmentation maximale de 0,72 PR au cours du mois de novembre, principalement due à la présence d'un ciel clair et à une température ambiante plus basse. Ceci permet de maintenir le module dans une température conditionnée pour les tests.

La figure 5.23. montre la représentation graphique de la saison d'hiver de la centrale du centre de formation. On peut y observer une meilleure performance de la centrale. Le PR moyen de la saison d'hiver est de 0,9295, ce qui est l'un des meilleurs PR de l'année.

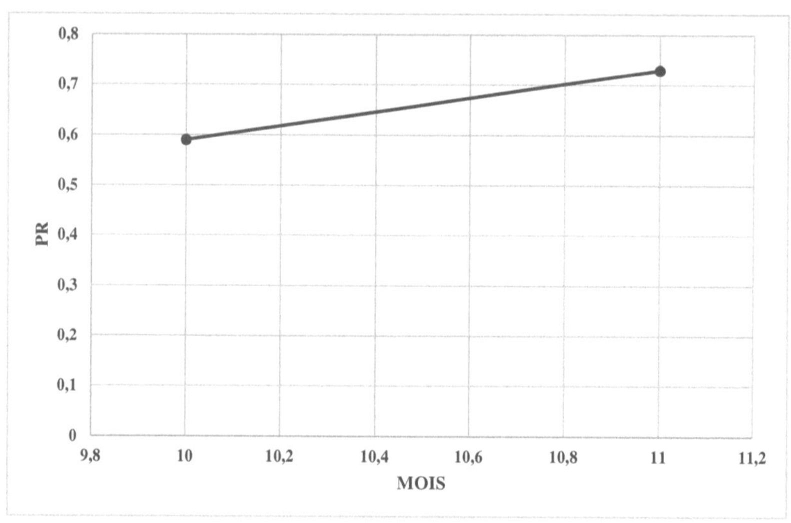

**Figure.5 22.Seasonal Centre de formation PR (automne)**

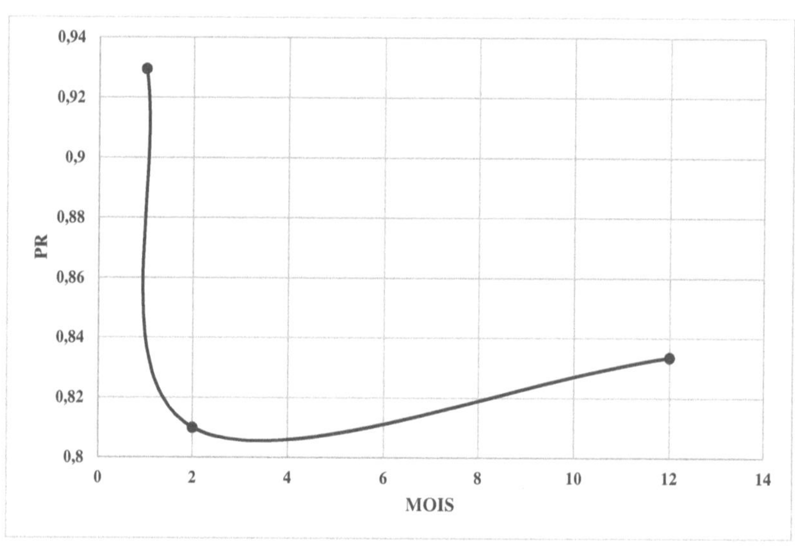

**Figure.5 23.Centre de formation PR saisonnier (hiver)**

**5.3. Rapport de performance corrigé en fonction des conditions météorologiques :**

**5.3.1. Validation du modèle de température du module**

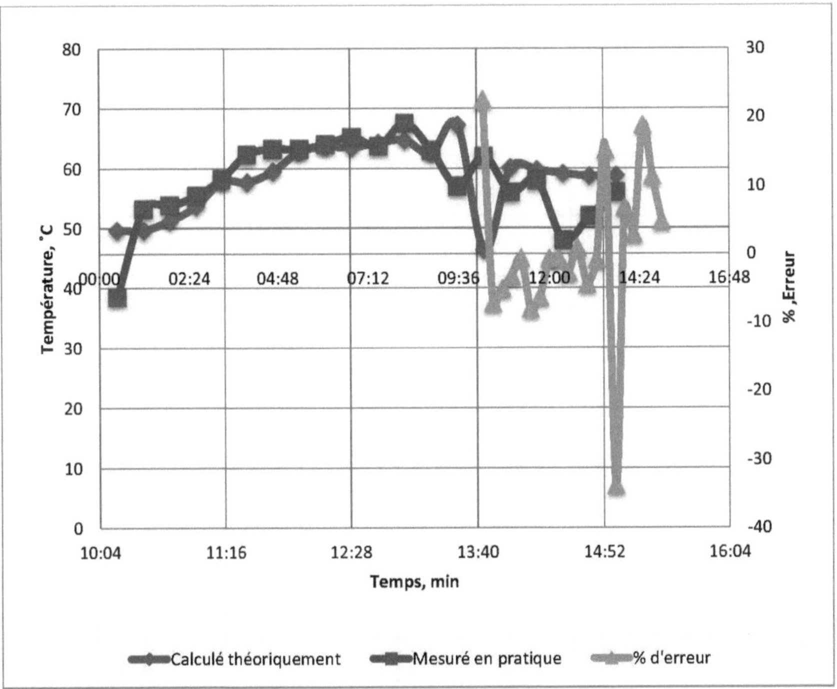



**Figure.5 Validation du modèle de température du module 24avec analyse des erreurs**

La figure 5.24. donne la représentation graphique du modèle de température du module. Ici, l'axe x du graphique donne le temps et l'axe Y primaire sert à représenter la température du module et l'axe secondaire du graphique donne le pourcentage d'erreur correspondant de la température du module entre les valeurs de calcul théoriques et pratiques.

Le modèle de température du module est obtenu à partir du rapport technique du NREL, et sa viabilité est également vérifiée à l'aide des images de la thermographie infrarouge en comparaison avec les conditions pratiques. Enfin, la validation du pourcentage d'erreur est également effectuée.

| HEURE | T_CELL_GGM CALCULÉ | T_CELL_GGM MESURÉ | % ERROR |
|---|---|---|---|
| 10:15 | 49.67671256 | 38.5 | 22.4989 |
| 10:30 | 49.64078753 | 53.2 | -7.16994 |
| 10:45 | 51.19972225 | 53.8 | -5.0787 |
| 11:00 | 53.66593319 | 55.4 | -3.23122 |
| 11:15 | 57.82071221 | 58.2 | -0.65597 |
| 11:30 | 57.69537305 | 62.3 | -7.98093 |
| 11:45 | 59.48094069 | 63.2 | -6.25252 |
| 12:00 | 62.7488308 | 63.2 | -0.71901 |
| 12:15 | 63.57536496 | 64 | -0.66792 |
| 12:30 | 63.48402127 | 65.2 | -2.70301 |
| 12:45 | 65.26091996 | 63.7 | 0.872879 |
| 13:00 | 65.66048063 | 67.5 | -5.39143 |
| 13:15 | 62.47468456 | 63 | -0.84085 |
| 13:30 | 67.2177075 | 57 | 15.20092 |
| 13:45 | 46.32687797 | 62 | -33.8316 |
| 14:00 | 60.07984866 | 56 | 6.790711 |
| 14:15 | 59.72982276 | 58 | 2.896079 |
| 14:30 | 59.13544708 | 48 | 18.83041 |
| 14:45 | 58.67159916 | 52 | 11.37109 |
| 15:00 | 58.79562741 | 56 | 5.754822 |

**Tableau 5. 1. Modèle de température du module**

**Figure.5 Configuration de l'analyse des erreurs de température du module 25.**

**Figure.5 Analyse des erreurs de température du module 26**

Les figures 5.26 et 5.27 montrent le montage expérimental permettant de valider le modèle de température de module choisi. Ce circuit est un circuit d'étude des caractéristiques réelles pour vérifier la température du module en fonction des heures d'ensoleillement.

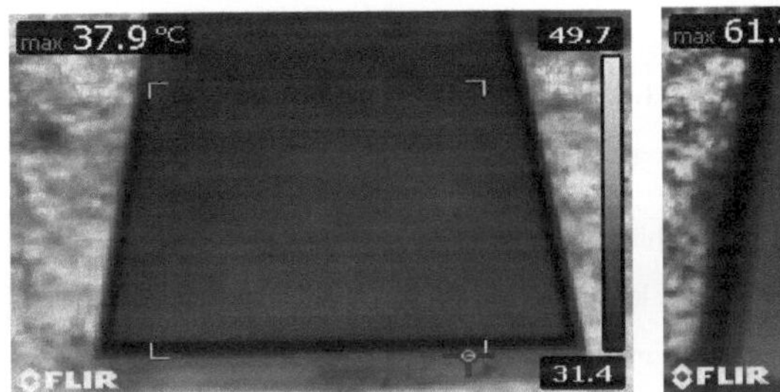


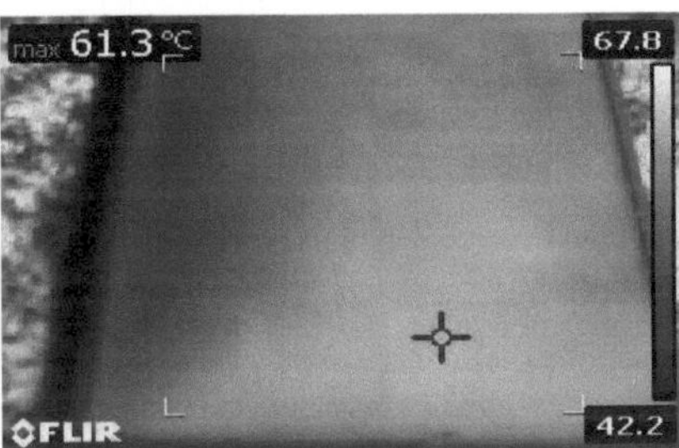


**Figure.5 27.Analyse de la thermographie infrarouge des modules**

La figure 5.27. montre les images de thermographie infrarouge du module polycristallin pour valider les résultats pratiques de la température. Il y a un recodage clair des relevés effectués pendant une journée complète de soleil. Le tableau donne les valeurs moyennes et le pourcentage d'erreur du modèle de température.

| S.NO | THEORECTIQUE<br>°c | MESURÉ<br>°c | ERROR<br>% |
|------|------|------|------|
| 1 | 58.51 | 58.01 | 0.87 |

**Tableau 5.2. Analyse des erreurs du modèle de température**

### 5.3.2. Rural Electrification Corporation Institute of Power Management and Training :

### 5.3.2.1. Centrale du projet-20KWp

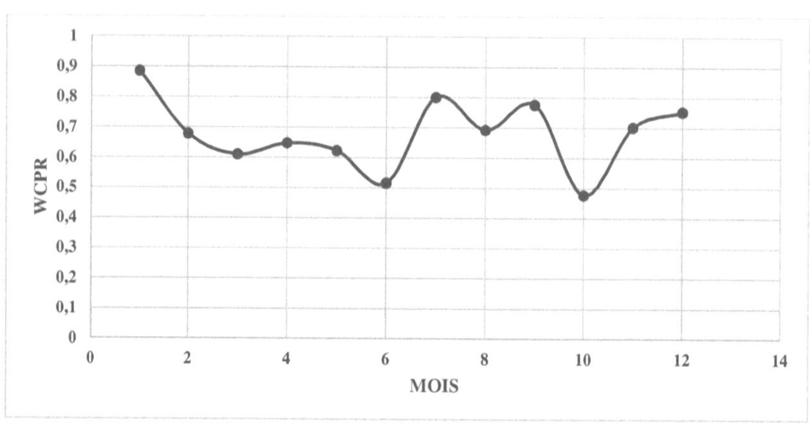

**Figure.5 28. Analyse globale de la performance du centre de projet corrigée par les conditions météorologiques**

La figure 5.28 montre la représentation graphique de la courbe du ratio de performance annuel global corrigé des conditions météorologiques pour la centrale du centre de        projet. Comme le ratio de performance globale du centre de formation sont de 0,68, ce qui est supérieur à la valeur définie. Les performances moyennes annuelles de la centrale du projet sont meilleures que les valeurs standard prescrites par la norme IEC 61724.

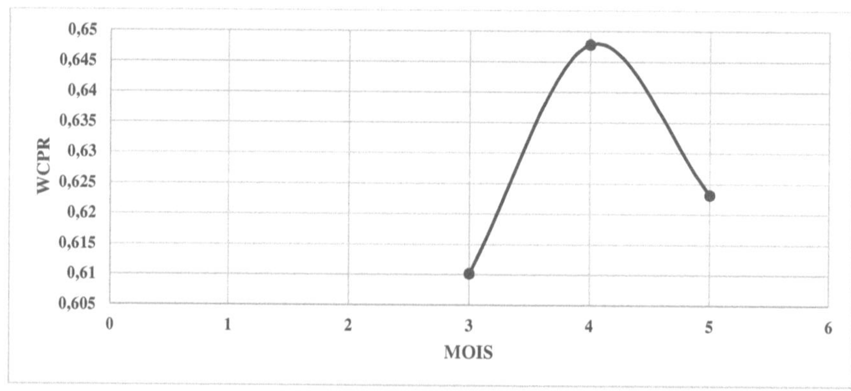

**Figure.5 29.Centre de projet WCPR saisonnier (été)**

La figure 5.29. montre la représentation graphique du rapport de performance corrigé en fonction du temps de la saison d'été de la centrale du projet. Ici, il est clairement évident que l'on observe une baisse du PR. Cette énorme chute du PR d'environ 0,61 est principalement due à la température du module et à l'effet d'ombrage, et le WCPR enregistré est de 0,65.

La figure 5.30. Montre la représentation graphique de la saison hivernale de la centrale du centre de formation, qui montre que cette baisse du WCPR est d'environ 0,90, même s'il n'y a plus de poussées de température du module. La baisse du WCPR d'un mois particulier est d'environ 0,68.

La figure 5.31. Montre la représentation graphique de 0,8 comme WCPR le plus élevé et de 0,51 comme WCPR le plus bas. Puisque nous relayons beaucoup sur le module poly cristallin, il ne peut pas être très performant sur le type de rayonnement diffus.

La figure 5.32. montre la représentation graphique du RP de la saison d'automne de la centrale du projet. On peut y observer une meilleure performance de l'installation. Les PR moyens de la saison d'hiver sont de 0,70.

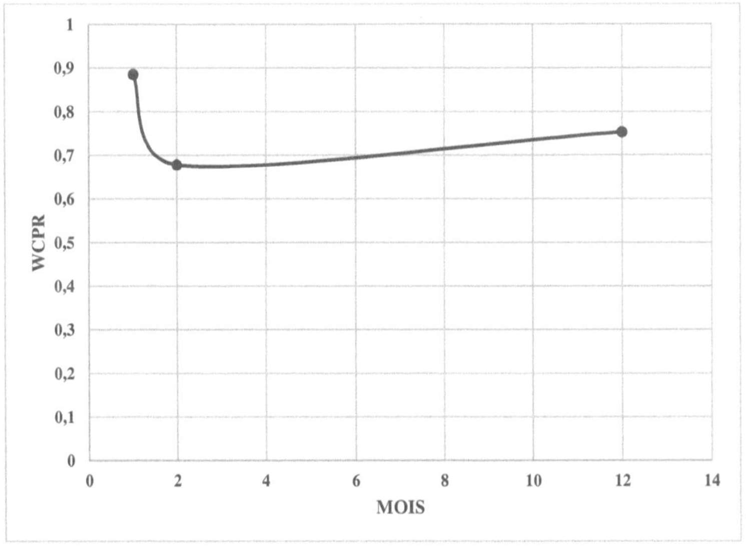

**Figure.5 30.Centre de projet WCPR saisonnier (hiver)**

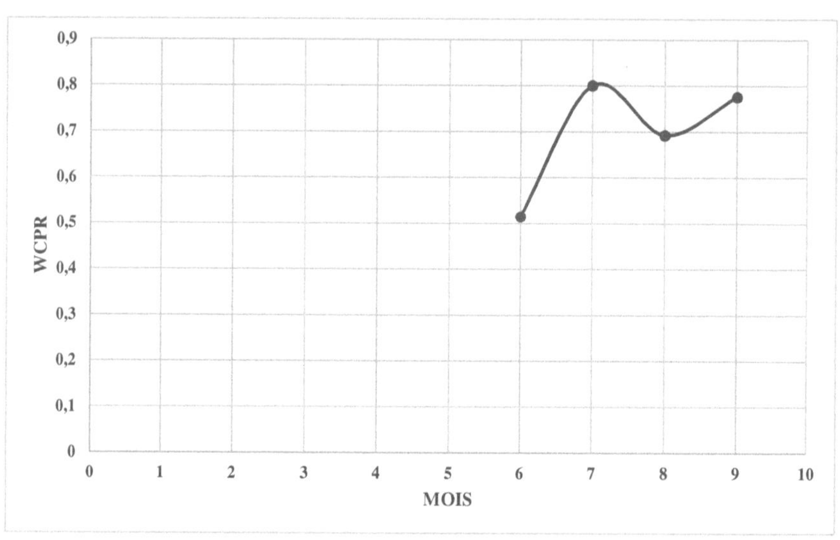


**Figure.5 31.Centre de projet WCPR saisonnier (pluvieux)**

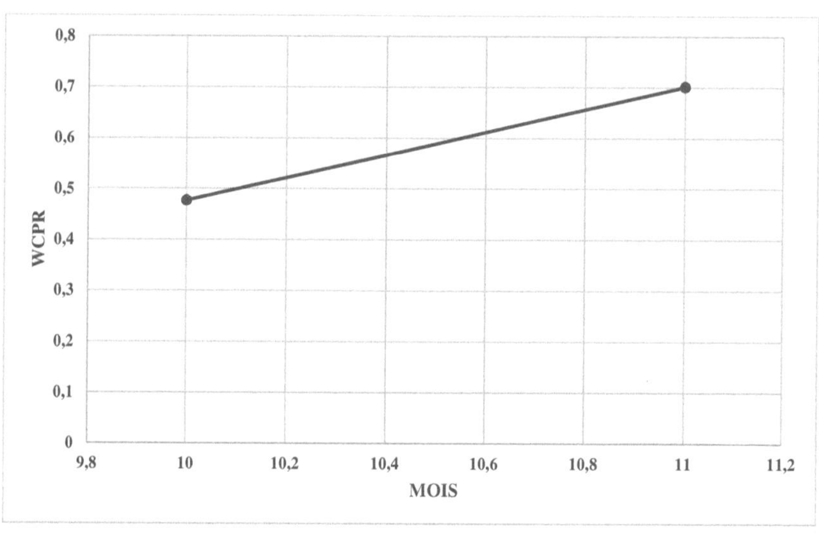


**Figure.5 32.Centre de projet WCPR saisonnier (automne)**

### 5.3.2.2. Centrale du centre de formation-20KWp

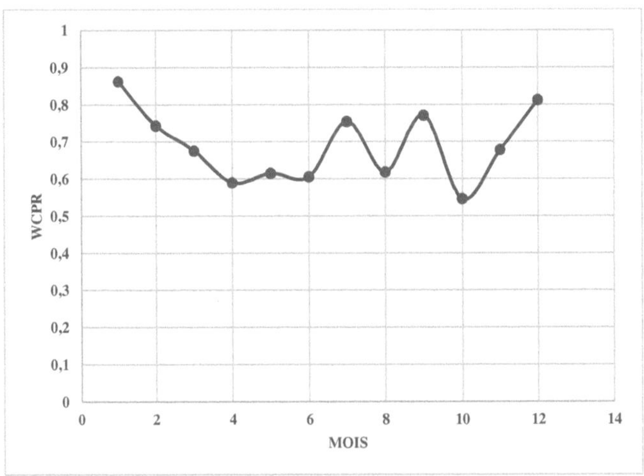

**Figure.5 33.Analyse globale des performances du centre de formation corrigées par les conditions météorologiques**

La figure 5.33 montre la représentation graphique de la courbe du ratio de performance annuel global corrigé des conditions météorologiques pour la centrale du centre de formation. Comme le ratio de performance globale du centre de formation sont de 0,69, ce qui est supérieur à la valeur définie. Les performances moyennes annuelles du centre de formation sont meilleures que les valeurs standard prescrites par la norme IEC 61724.

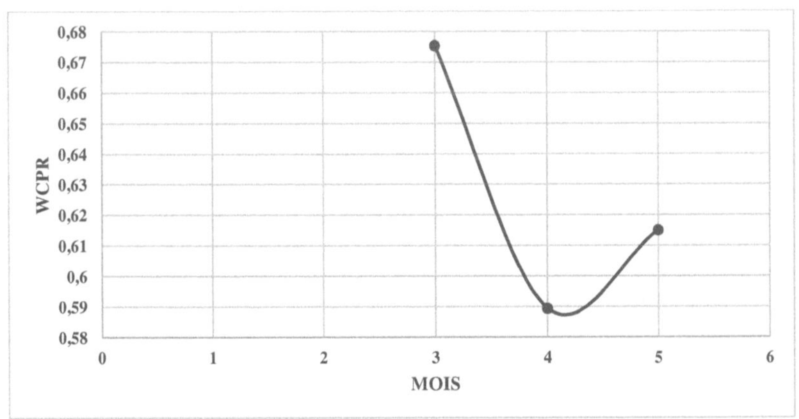

**Figure.5 34.Seasonal Centre de formation WCPR (été)**

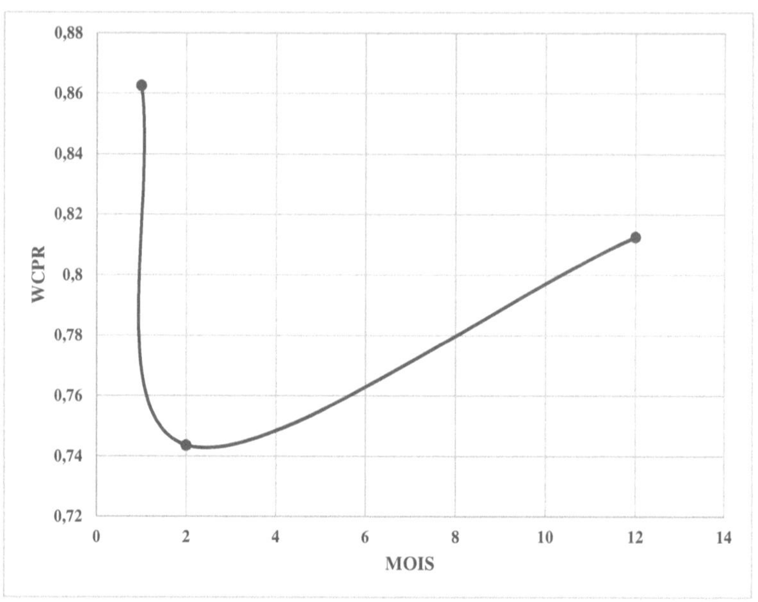


**Figure.5 35.Centre de formation WCPR saisonnier (hiver)**

La figure 5.34. montre la représentation graphique du rapport de performance corrigé en fonction du temps de la saison d'été de la centrale du projet. Ici, il est clairement évident que l'on observe une baisse du PR. Cette énorme chute du PR d'environ 0,59 est principalement due à la température du module et à l'effet d'ombrage. Le WCPR le plus élevé enregistré est d'environ 0,68 pendant toute la saison d'été.

La figure 5.35. Montre la représentation graphique de la saison d'hiver de l'usine du centre de formation, que cette baisse du WCPR est d'environ 0,86, même s'il n'y a plus de poussées de température du module. Le WCPR le plus bas de ce mois particulier est d'environ 0,74. Ces mois-là, les performances sont meilleures que toutes les autres saisons.

La figure 5.36. Montre la représentation graphique du WCPR du centre de formation de 0,77 comme WCPR le plus élevé enregistré et de 0,60 comme WCPR le plus bas enregistré. Puisque nous utilisons beaucoup le module polycristallin, il ne peut pas être très performant avec le type de rayonnement diffus.

La figure 5.37. montre la représentation graphique de la RP de la saison d'automne de la plante du centre de formation. On peut y observer une meilleure performance de la centrale. Les PR moyens de la saison d'hiver sont de 0,61.

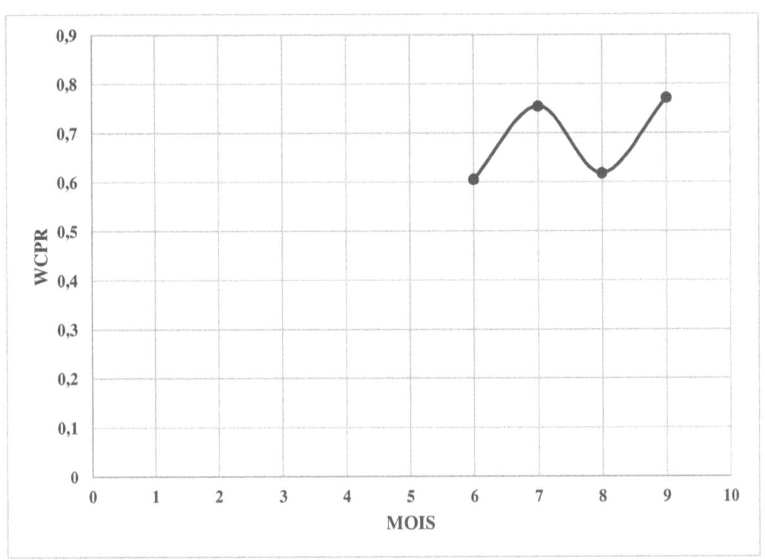

**Figure.5 36.Seasonal Centre de formation WCPR (pluvieux)**

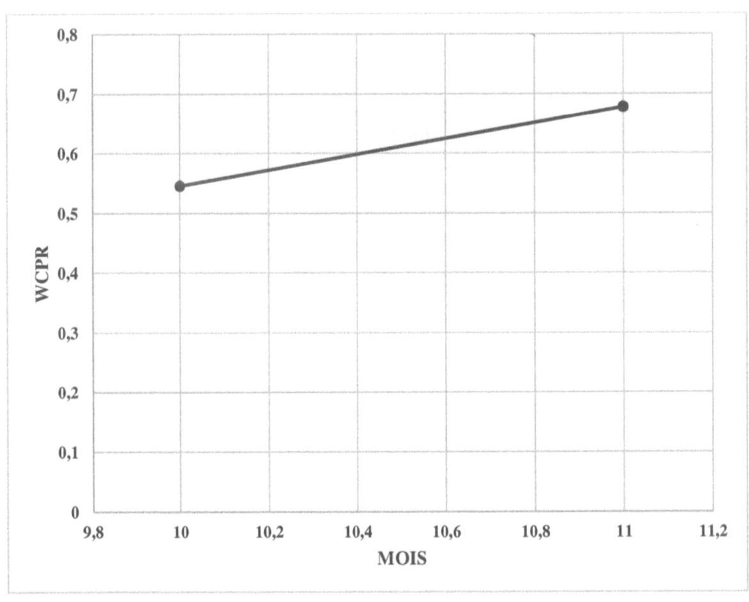

**Figure.5 37. Centre de formation WCPR saisonnier (automne)**

**5.3.3. Comparaison du ratio de performance corrigé des conditions météorologiques avec la valeur garantie :**

**5.3.3.1. Comparaison du ratio de performance corrigé des conditions météorologiques du centre du projet avec la valeur garantie :**

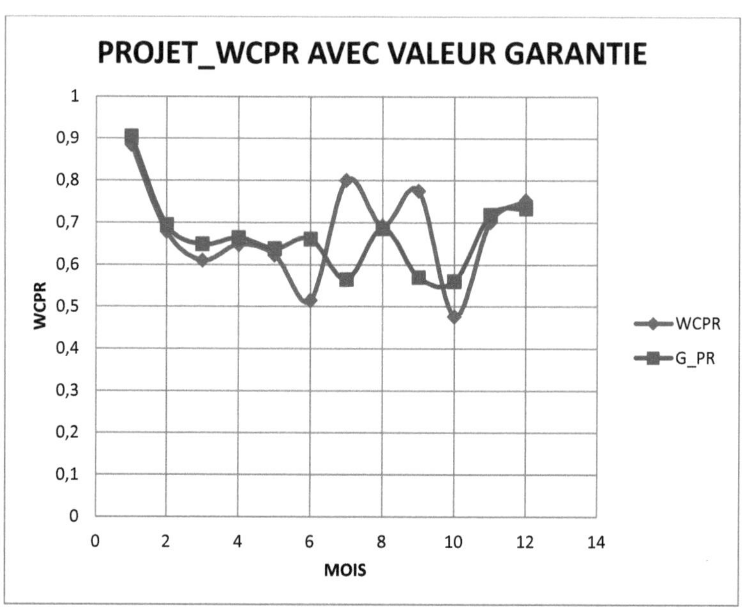


**Figure.5 38. Comparaison du ratio de performance global corrigé des conditions météorologiques avec la valeur garantie**

La figure 5.38. Montre la comparaison du ratio de performance corrigé des conditions météorologiques de la centrale du projet avec sa valeur garantie. Si le rapport de performance corrigé par le temps est supérieur à la valeur garantie, alors notre rapport de performance corrigé par le temps est valide. En moyenne, notre rapport de performance corrigé par le temps est supérieur à sa valeur garantie. La représentation graphique montre clairement que la valeur garantie est d'environ 0,67 et que le ratio de performance corrigé par le temps obtenu est d'environ 0,68.

La figure 5.39 donne la comparaison graphique des valeurs du WCPR saisonnier hivernal avec ses valeurs garanties pour la centrale du centre de projet. Sur le graphique, nous pouvons observer que la plupart des WCPR garantis et réels sont égaux. Ce qui montre que le calcul du WCPR est valide.

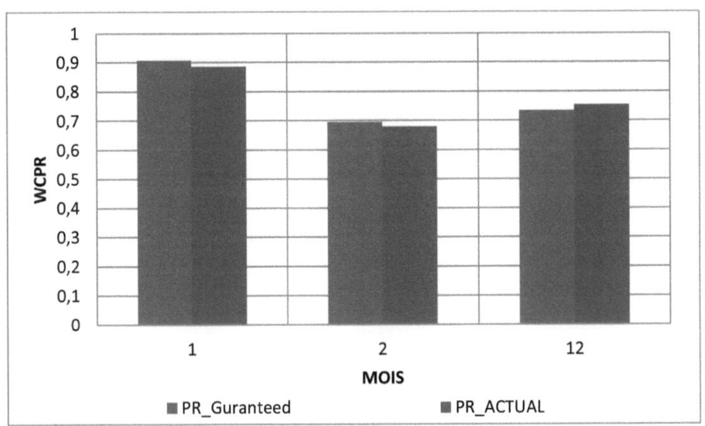

**Figure.5 39. Comparaison du ratio de performance corrigé de la météo globale en hiver avec la valeur garantie**

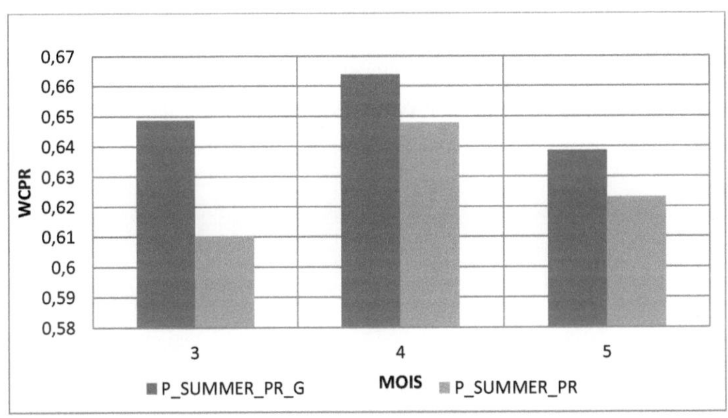

**Figure.5 40.comparaison du rapport de performance globale corrigée des conditions météorologiques d'été avec la valeur garantie**

La figure 5.40 présente la comparaison graphique des valeurs saisonnières estivales du WCPR avec les valeurs garanties de la centrale du centre du projet. Sur le graphique, nous pouvons observer qu'il y a une forte baisse du WCPR réel de la centrale du centre du projet.

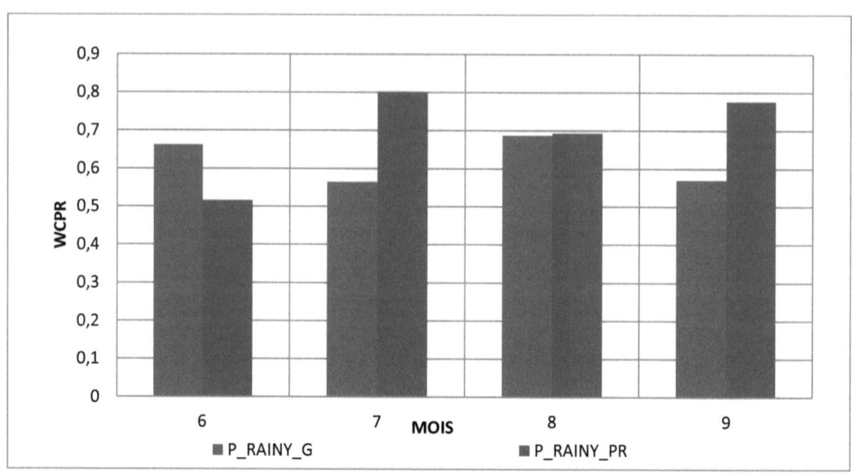



**Figure.5 41.comparaison du ratio de performance corrigé par temps de pluie avec la valeur garantie**

La figure 5.41 donne la comparaison graphique des valeurs du WCPR de la saison des pluies avec ses valeurs garanties de la centrale du centre du projet. A partir du graphique, nous pouvons observer que les valeurs réelles du WCPR sont plus élevées, ce qui indique que la centrale fonctionne parfaitement.

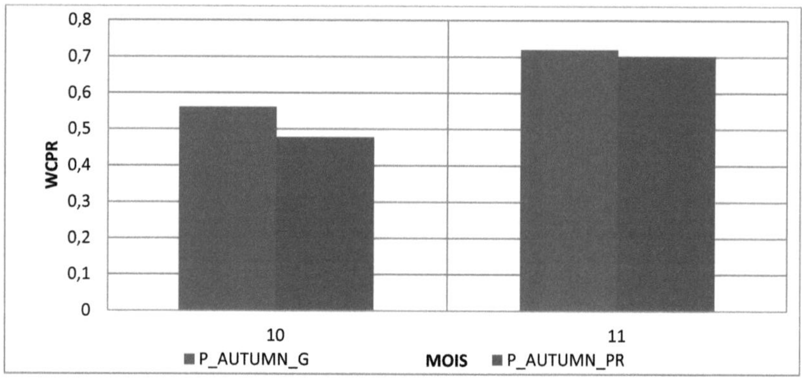



**Figure.5 42.comparaison du rapport de performance global corrigé des conditions météorologiques d'automne avec la valeur garantie**

La figure 5.42. donne la représentation graphique de la comparaison du rapport de performance corrigé des conditions météorologiques de la saison d'automne de la centrale du projet. Nous y obtenons des valeurs presque égales du WCPR et de la valeur garantie.

| LOCATION | VALEUR GARANTIE | WCPR | % RISE |
|---|---|---|---|
| PROJET | 0.670478333 | 0.6799221 | 1.41 |

**Tableau 2. 1. Comparaison du WCPR annuel avec sa valeur garantie**

Le tableau montre clairement la comparaison du WCPR annuel avec sa valeur garantie. L'augmentation globale en pourcentage dans le calcul du WCPR annuel est d'environ 1,41 %.

**5.3.3.2. Comparaison du ratio de performance corrigé des conditions météorologiques du centre de formation avec la valeur garantie :**

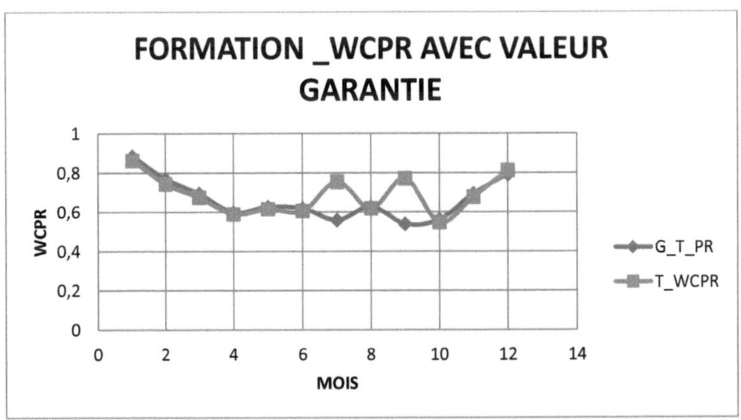


**Figure.5 43. Comparaison du WCPR global avec la valeur garantie (formation)**

La figure 5.43. Montre la comparaison du rapport de performance corrigé des conditions météorologiques de la centrale du centre de formation avec sa valeur garantie. Si le rapport de performance corrigé des conditions météorologiques est supérieur à la valeur garantie, alors le rapport de performance corrigé des conditions météorologiques est valide. En moyenne, notre rapport de performance corrigé par le temps est supérieur à sa valeur garantie. La représentation graphique montre clairement que la valeur garantie est d'environ 0,66 et que le rapport de performance corrigé par le temps obtenu est d'environ 0,69.

La figure 5.44 présente la comparaison graphique des valeurs du WCPR saisonnier hivernal avec les valeurs garanties de la centrale du centre de formation. Le graphique montre que les WCPR garantis et réels sont presque égaux. Ce qui montre que le calcul du WCPR est valide.

La figure 5.45 présente la comparaison graphique des valeurs saisonnières estivales du WCPR avec les valeurs garanties de la centrale de formation. Sur le graphique, nous pouvons observer qu'il y a une énorme chute dans le WCPR réel de la centrale du centre de projet.

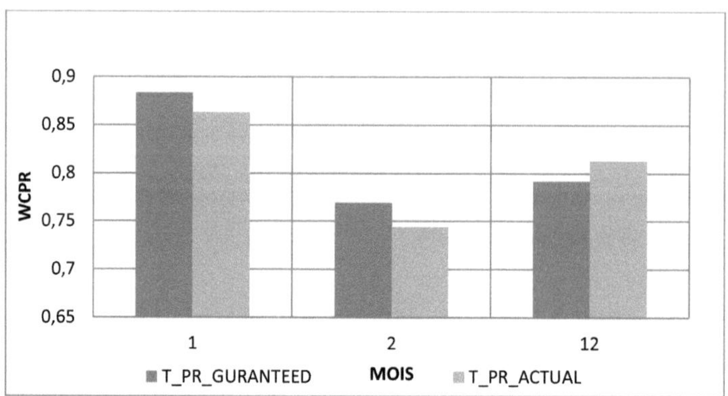


**Figure.5 44. Comparaison du ratio de performance corrigé des conditions hivernales avec la valeur garantie**

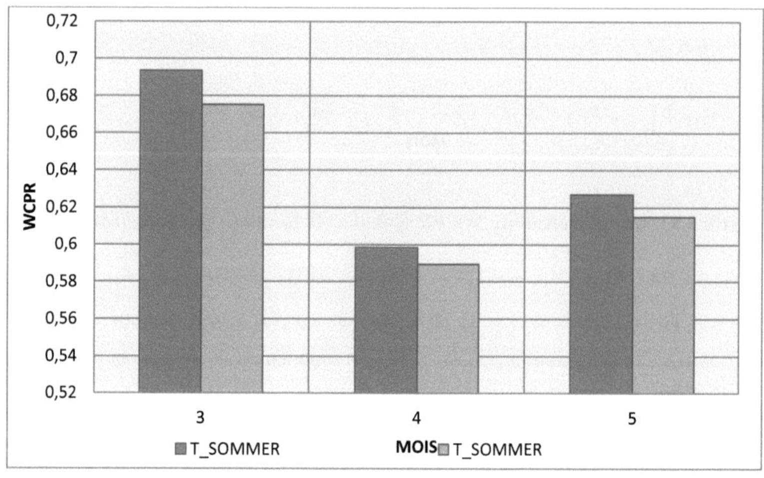


**Figure.5 45.comparaison du rapport de performance corrigé des conditions météorologiques estivales avec la valeur garantie**

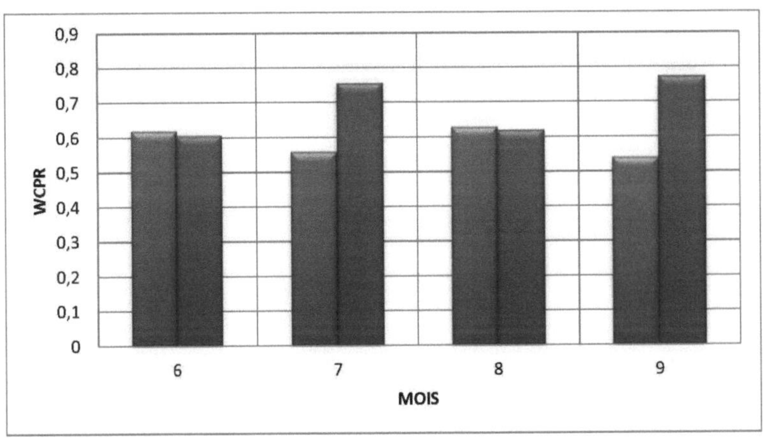

**Figure.5 46. Comparaison du rapport de performance corrigé par temps de pluie avec la valeur garantie**

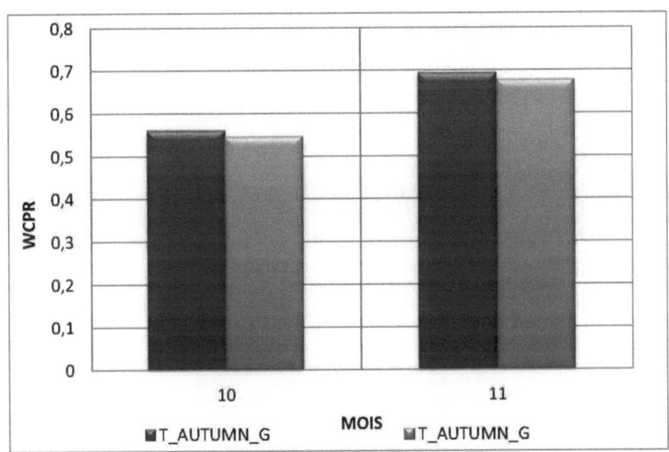


**Figure.5 47. Comparaison du ratio de performance corrigé des conditions météorologiques automnales avec la valeur garantie**

La figure 5.46 présente la comparaison graphique des valeurs du WCPR en saison des pluies avec les valeurs garanties de la centrale du centre de formation. Sur le graphique, on peut observer que les valeurs réelles du WCPR sont plus élevées, ce qui indique que la centrale fonctionne parfaitement.

La figure 5.47. donne la représentation graphique de la comparaison du rapport de performance corrigé des conditions météorologiques de la saison d'automne de la centrale du centre de formation. Nous y obtenons des valeurs presque égales du WCPR et de la valeur garantie.

| LOCATION | VALEUR GARANTIE | WCPR | % RISE |
|---|---|---|---|
| FORMATION | 0.663179167 | 0.68930037 | 3.9 |

**Tableau 5.2.Comparaison du WCPR annuel avec sa valeur garantie**

Le tableau montre clairement la comparaison du WCPR annuel avec sa valeur garantie. Le pourcentage global d'augmentation dans le calcul du WCPR annuel est d'environ 3,9 %, ce qui est supérieur à celui de la centrale du projet.

### 5.3.4. Institut national de l'énergie éolienne - 20 KWp

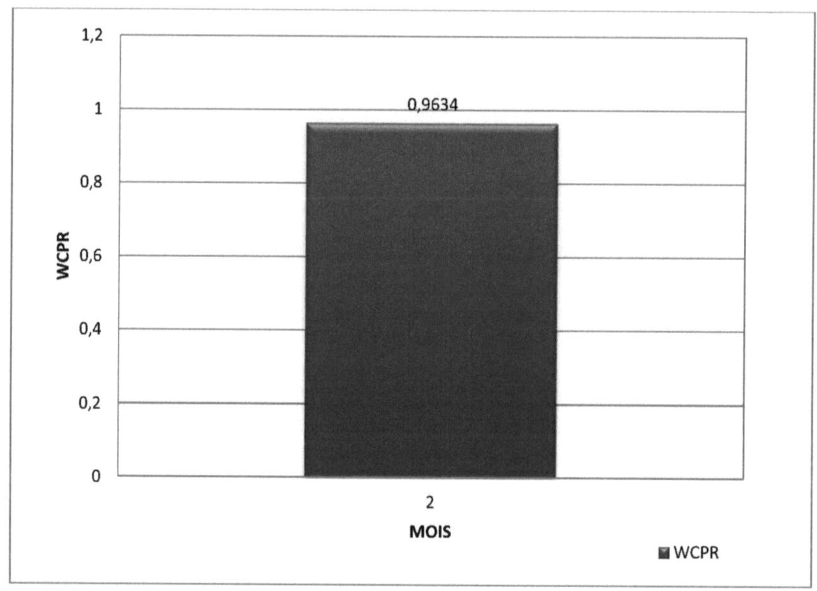


**Figure.5 48.WCPR de l'usine NIWE-TN**

La figure 5.48. donne le rapport de performance corrigé des conditions météorologiques de la centrale NIWE. Ici, le WCPR de la centrale NIWE est de 0,96, ce qui montre que la performance globale de la centrale NIWE est parfaite pendant la période de mesure ou d'analyse. Cela s'explique par le fait que la performance ne sera pas constante pendant tous les mois. Elle varie en fonction de différents paramètres tels que les facteurs environnementaux et techniques.

### 5.3.5. Kadapa Collector ate 55KWp

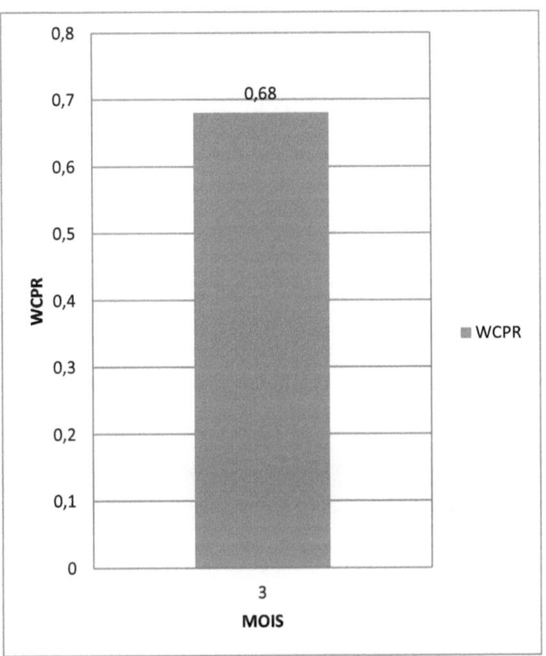

**Figure.5 49.WCPR de Kadapa Collectorate-AP**

La figure 5.49. donne le rapport de performance corrigé des conditions météorologiques de la centrale de Kadapa, Andhra Pradesh. Ici, le WCPR de l'usine de collecte de Kadapa est obtenu comme 0,68. Ce qui montre que la performance globale de la centrale de Kadapa est confrontée au problème de l'effet de la température du module au moment de la mesure ou de l'analyse. Ceci est dû au fait que la performance ne sera pas constante pendant tous les mois. Il varie en fonction de divers paramètres comme les facteurs environnementaux et techniques.

## 5.3.6. GAB Hôtel-50 kWp

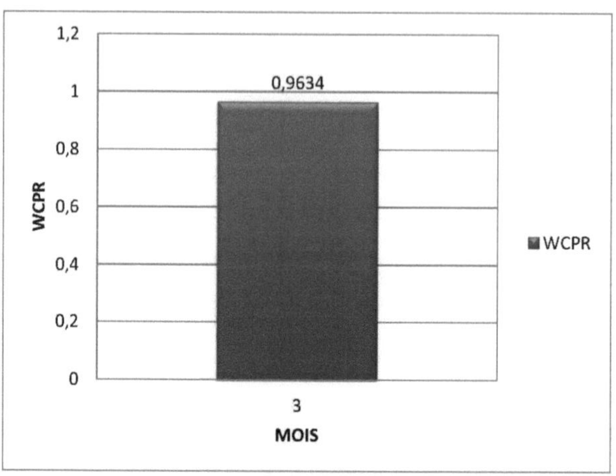


**Figure.5 50.WCPR de ABM Hotel-TN**

La figure 5.50. donne le rapport de performance corrigé des conditions météorologiques de l'hôtel ABM, Tamil Nadu. Ici, le WCPR de la centrale de Kadapa Collectorate est obtenu à 0,96. Ce qui montre que la performance globale de l'usine ABM est parfaite pendant la période de mesure ou d'analyse. Ceci est dû au fait que la performance ne sera pas constante pendant tous les mois. Elle varie en fonction de différents paramètres comme les facteurs environnementaux et techniques.

### 5.4. Analyse du rendement :

### 5.4.1. Rural Electrification Corporation Institute of Power Management and Training :

### 5.4.1.1. Centrale du projet-20KWp

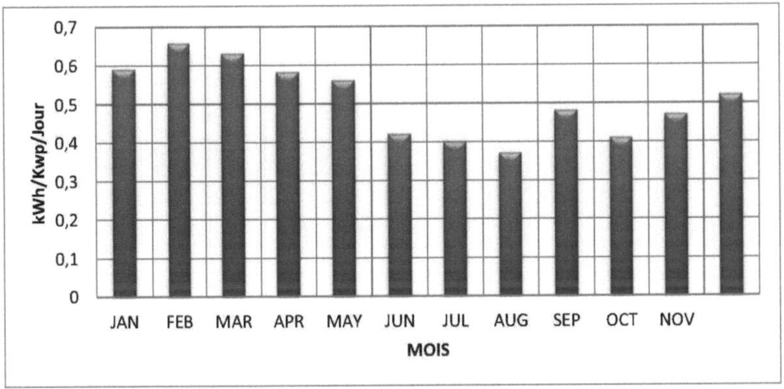

**Figure.5 51.Rendement final de l'usine du centre de projet**

La figure 5.51. montre la représentation graphique du rendement final annuel de l'usine du centre du      projet dans l'état de Telangana. Ce rendement final global est représenté en unité kWh/kWp/jour.

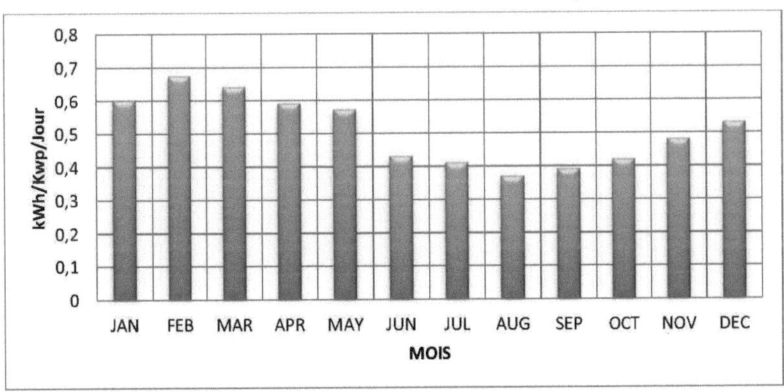

**Figure.5 52.Array Rendement de l'usine du Centre de projet**

La figure 5.52. montre la représentation graphique du rendement annuel de l'installation du centre de      projet. Elle montre clairement le rendement global de la centrale.

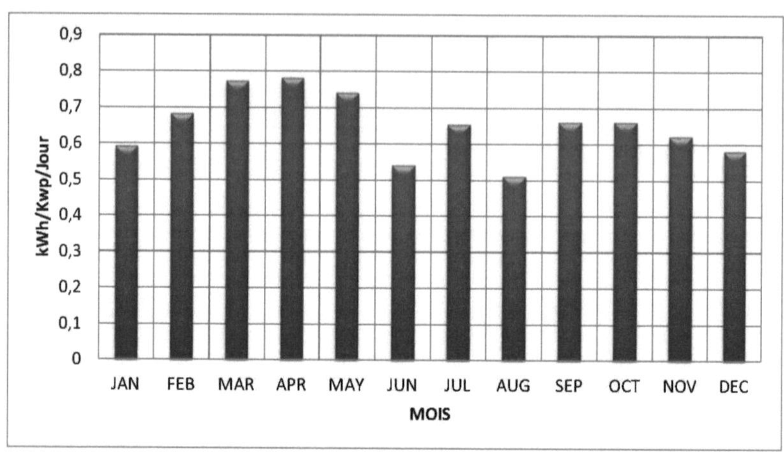

Figure.5 53.Référence Rendement de l'usine du centre de projet

La figure.5.53.montre la représentation graphique du rendement annuel de référence de la centrale du centre du  projet. Ici, toutes les données sont mentionnées dans l'unité kWh/kWp/jour.

## 5.4.1.2. Centrale du centre de formation-20KWp

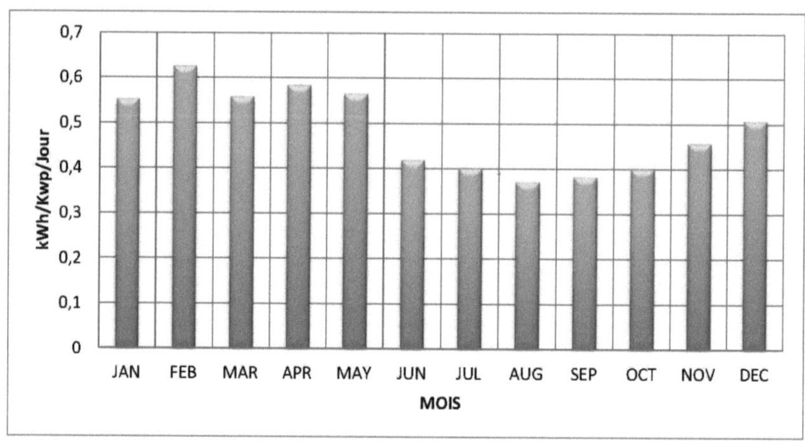

Figure.5 54.Rendement final de l'usine du centre de formation

La figure.5.54. montre la représentation graphique du rendement final annuel de l'usine du centre du projet de l'état de Telangana. Ce rendement final global est représenté en unité kWh/kWp/jour.

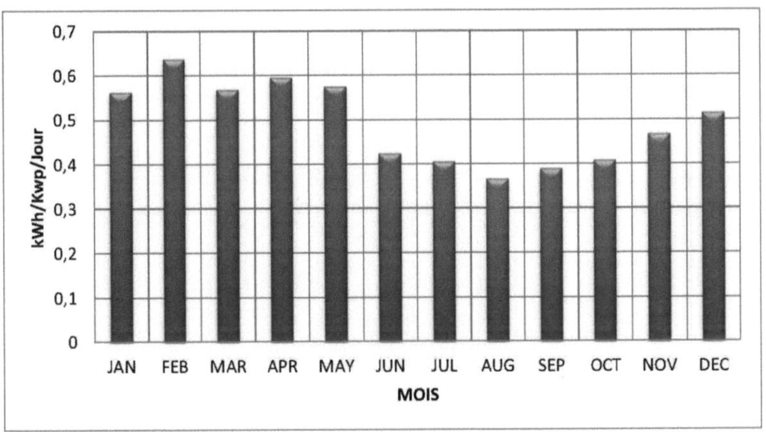

**Figure.5 55.Array Rendement de l'usine du centre de formation**

La figure 5.55. montre la représentation graphique du rendement annuel de l'installation du centre de projet. Elle montre clairement le rendement global de la centrale.

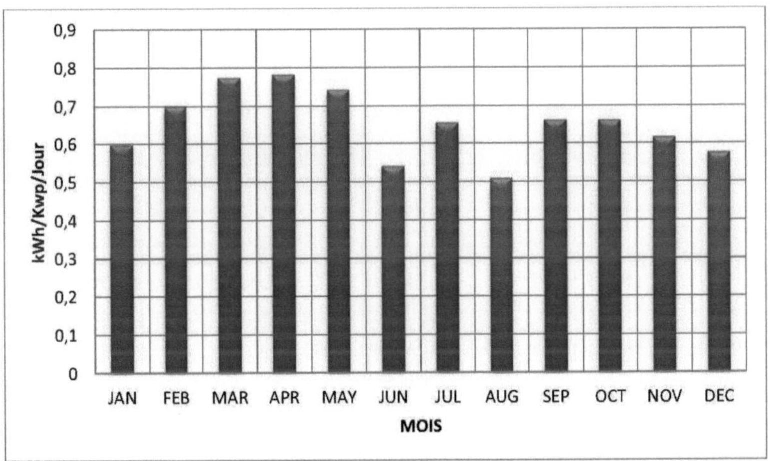

**Figure.5 56.Référence Rendement de l'usine du Centre de formation**

La figure.5.56.montre la représentation graphique du rendement annuel de référence de la centrale du centre du projet. Ici, toutes les données sont mentionnées dans l'unité kWh/kWp/jour.

## 5.4.2. Institut national de l'énergie éolienne :

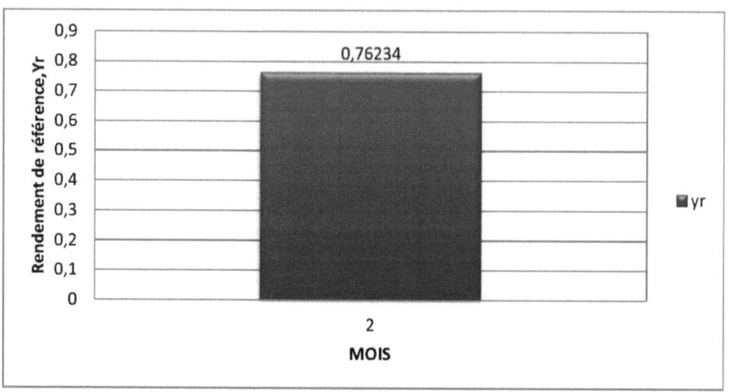

**Figure.5 57.Référence Rendement de l'usine NIWE**

La figure 5.57. montre la représentation graphique du rendement annuel de référence de l'usine du centre du projet de l'état de Telangana. Ce rendement final global est représenté en unité kWh/kWp/jour. Le rendement de référence de la centrale NIWE sur la période de lecture particulière est d'environ 0,76 %.

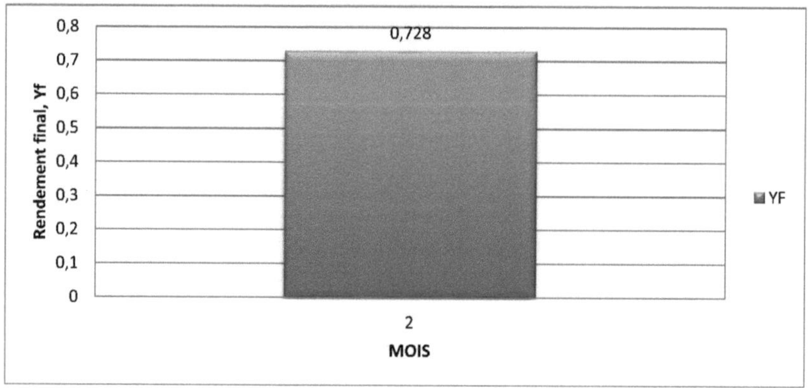

**Figure.5 58.Rendement final de l'usine NIWE**

La figure 5.58. montre la représentation graphique du rendement final annuel de l'usine du centre de projet. Elle montre clairement le rendement global de l'usine. Le rendement final de l'usine NIWE est d'environ 0.73

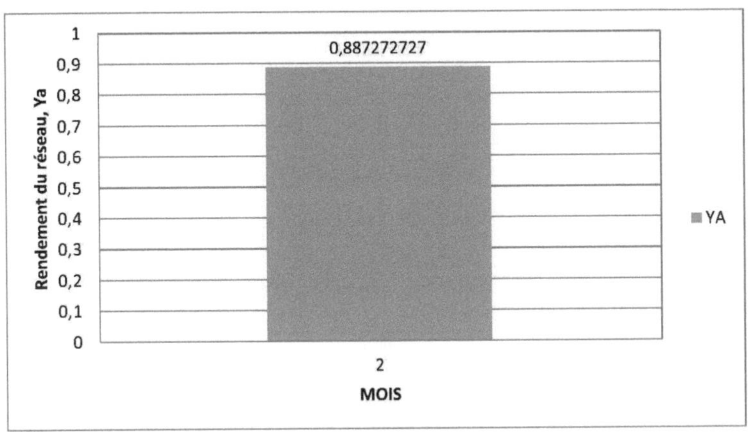

**Figure.5 59.Array Rendement de l'usine NIWE**

La figure 5.59. montre la représentation graphique du rendement annuel d'Array de l'usine du centre du projet. Ici, toutes les données sont mentionnées dans l'unité kWh/kWp/jour. Le rendement du réseau de la centrale NIWE est d'environ 0.89

## 5.4.3. Bureau du collecteur de Kadapa :

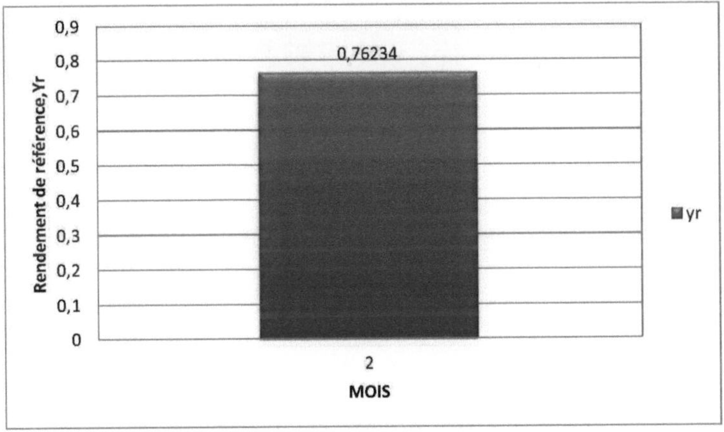

**Figure.5 60.Référence Rendement de l'usine de Kadapa**

La figure.5.60. montre la représentation graphique du rendement annuel de référence de l'usine du centre du projet de l'état de Telangana. Ce rendement final global est représenté en unité kWh/kWp/jour. Le rendement final du bureau de Kadapa est d'environ 0,76

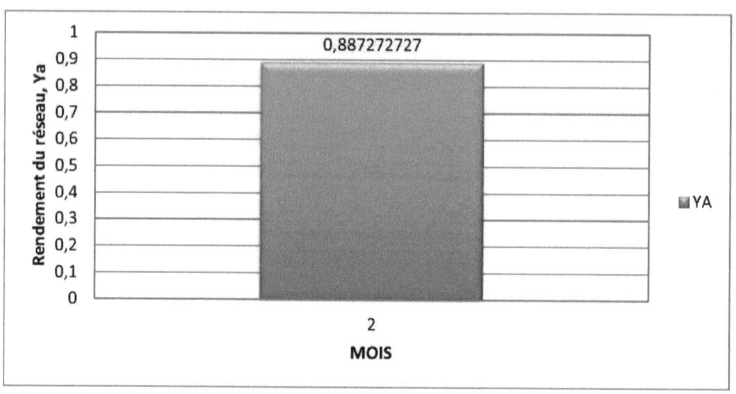


**Figure.5 61.Array Rendement de l'usine de Kadapa**

La figure 5.61. montre la représentation graphique du rendement annuel de l'installation du centre du projet. Toutes les données sont exprimées en kWh/kWp/jour. Le rendement de la centrale de Kadapa est d'environ 0,887 %.

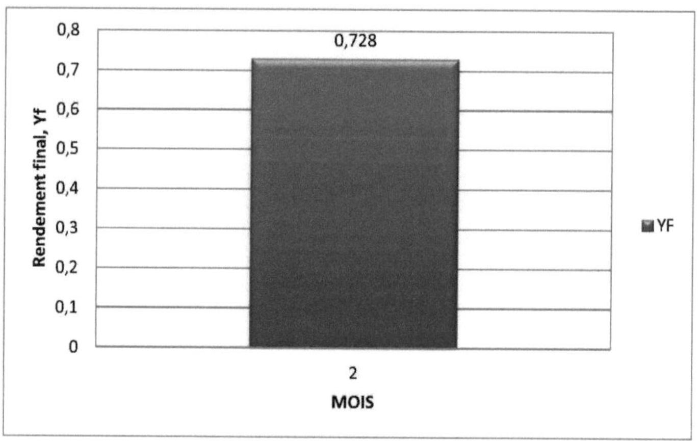


**Figure.5 62.Rendement final de l'usine de Kadapa**

La figure 5.62. montre la représentation graphique du rendement final annuel de l'usine du centre de projet. Elle montre clairement le rendement global de l'usine. Le rendement final du bureau de Kadapa est d'environ 0.73

### 5.4.4. Hôtel ABM :

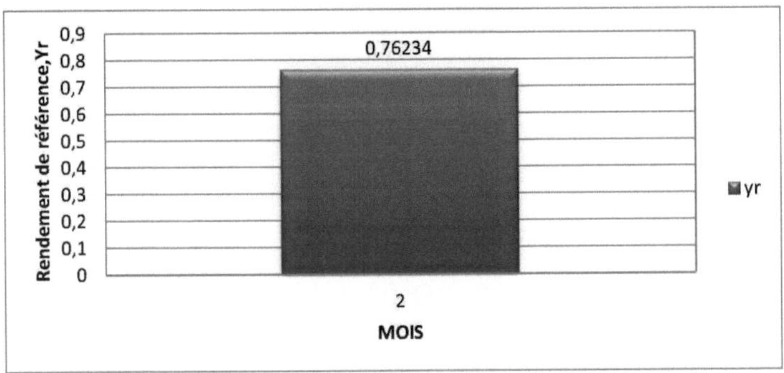

**Figure.5 63.Référence Rendement de l'usine ABM**

La figure.5.63. montre la représentation graphique du rendement annuel de référence de l'usine du centre du projet de l'état de Telangana. Ce rendement final global est représenté en unité kWh/kWp/jour. Le rendement de référence de l'ABM est d'environ 0.76

La figure 5.64 montre la représentation graphique du rendement annuel d'Array de l'usine du centre du projet. Ici, toutes les données sont mentionnées dans l'unité kWh/kWp/jour. Le rendement du réseau de 0,8 est enregistré pendant la période de mesure.

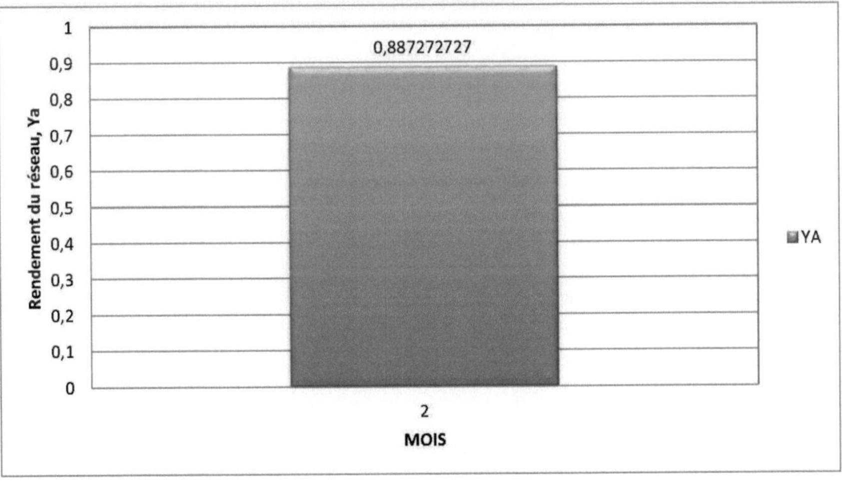

**Figure.5 64.Array Rendement de l'usine ABM**

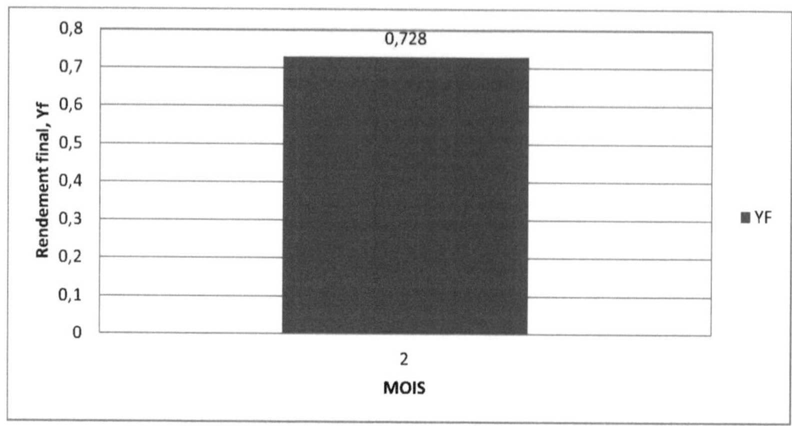

**Figure.5 65.Rendement final de l'usine ABM**

La figure 5.65. montre la représentation graphique du rendement final annuel de l'usine du centre de projet. Elle montre clairement le rendement global de l'usine. Le rendement final de l'usine ABM est d'environ 0.73

## 5.5. Analyse des pertes :

### 5.5.1. Rural Electrification Corporation Institute of Power Management and Training :

#### 5.5.1.1. Centrale du projet-20KWp

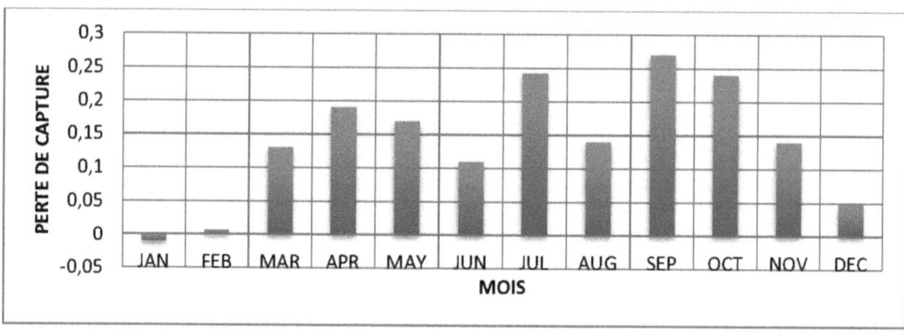

Figure.5 66.Capture perte de l'usine du centre de projet

La figure 5.66 montre la perte de capture de la centrale du centre du projet. Ces pertes de capture sont principalement dues à l'échauffement thermique de la température des modules. Ici, toutes les valeurs sont saisies en kWh/ (kWp * Jour), soit la quantité d'électricité par puissance de pointe par jour.

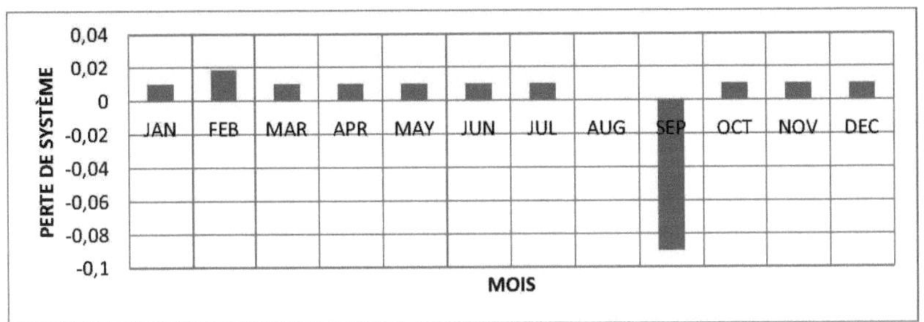

**Figure.5 67.Perte de système de l'usine du centre de projet**

La figure 5.67 montre les pertes du système de la centrale du projet. Ces pertes de système sont principalement dues aux pertes de conversion de l'onduleur dans le système PV connecté au réseau et au stockage. Ici, toutes les valeurs sont saisies en kWh/ (kWp * Jour), soit la quantité d'électricité par puissance de pointe par jour.

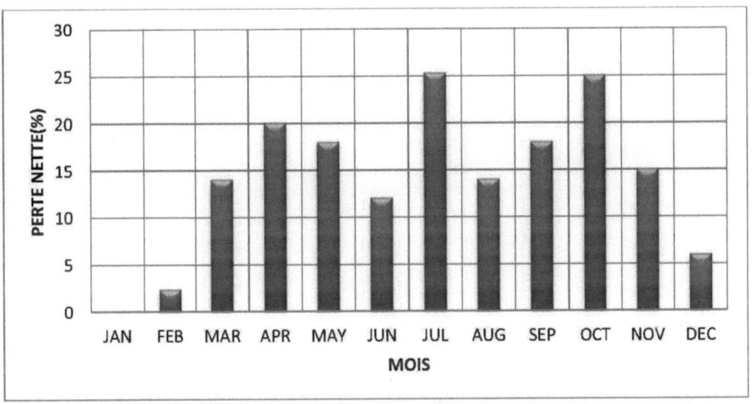

**Figure.5 68, . perte nette% de l'usine du centre de projet**

La figure 5.68 donne la perte nette de la centrale du centre de projet. Ici, les pertes nettes sont les pertes de système et de capture de la centrale solaire.

## 5.5.1.2. Centrale du centre de formation-20KWp

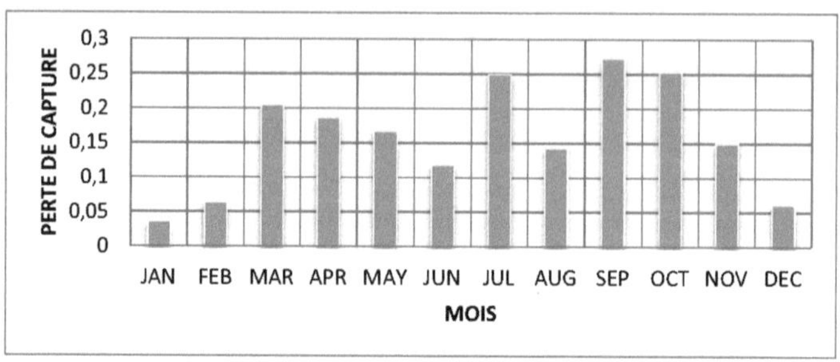

Figure.5 69.Capture perte de l'usine du centre de formation

La figure 5.69 montre les pertes par capture de la centrale du centre de formation. Ces pertes de capture sont principalement dues à l'échauffement thermique de la température des modules. Ici, toutes les valeurs sont saisies en kWh/ (kWp * Jour), soit la quantité d'électricité par puissance de pointe par jour.

La figure 5.70 montre les pertes système de la centrale du centre de formation. Ces pertes de système sont principalement dues aux pertes de conversion de l'onduleur dans le système PV connecté au réseau et au stockage. Ici, toutes les valeurs sont saisies en kWh/ (kWp * Jour), soit la quantité d'électricité par puissance de pointe par jour.

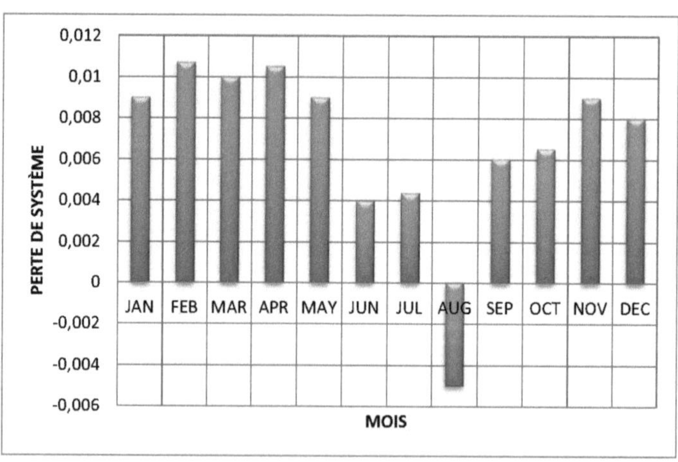

Figure.5 70.Perte de système du centre de formation

La figure 5.71 donne les pertes nettes de la centrale du centre de formation. Ici, les pertes nettes sont les pertes du système et les pertes de capture de la centrale solaire.

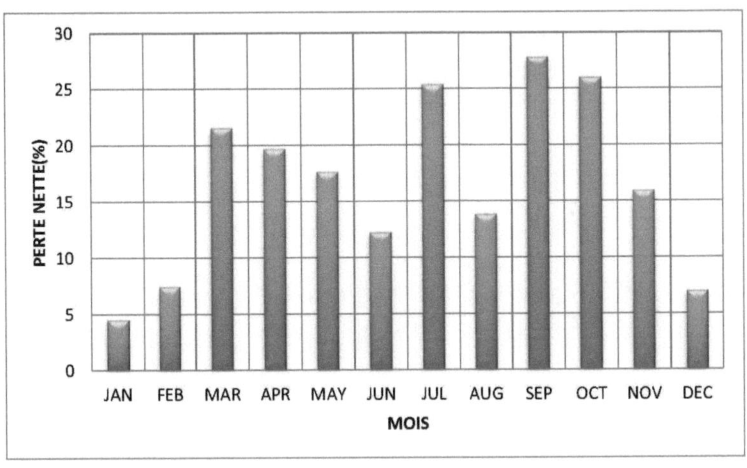

**Figure.5 Pourcentage de perte de 71du centre de formation**

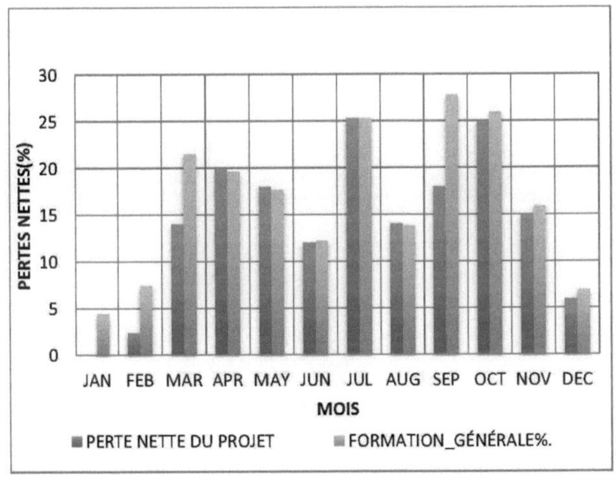



**Figure.5 72.Comparaison des pertes nettes**

La figure 5.72 présente la comparaison des pertes nettes des deux centrales d'Hyderabad. Ici, les pertes globales de la centrale sont comparées et les résultats sont analysés.

## 5.5.2. Institut national de l'énergie éolienne :

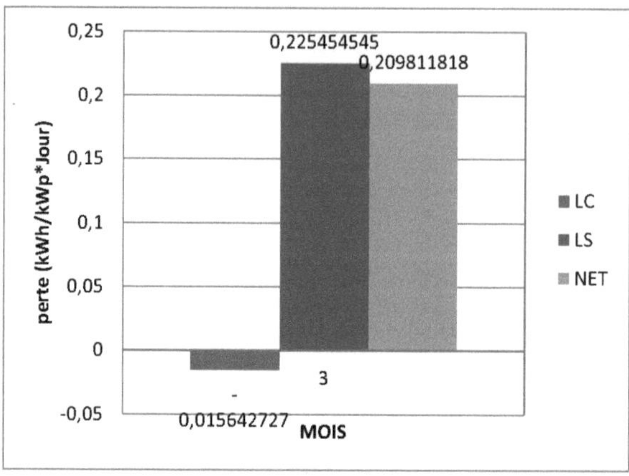

Figure.5 73.Globale Perte nette de l'usine NIWE

La figure 5.73. Donne la perte globale de l'Institut national de l'énergie éolienne. Ici, les pertes globales sont dans l'axe négatif, ce qui est principalement dû au fait que moins de pertes ont eu lieu pendant la période d'analyse.

## 5.5.3. Bureau du collecteur de Kadapa :

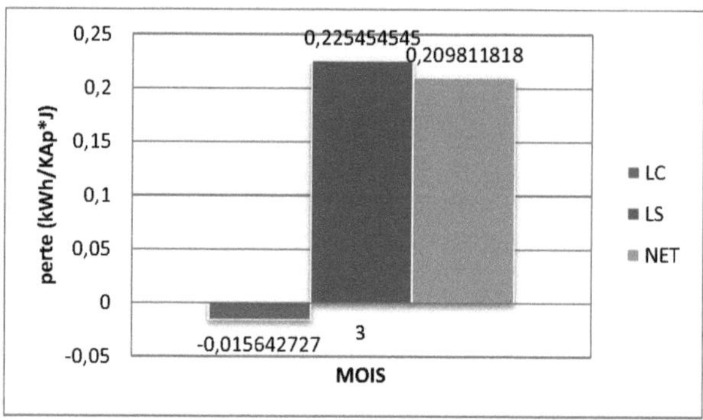

Figure.5 74.Perte nette globale de l'usine de Kadapa

La figure 5.74 donne la représentation graphique de la perte nette globale de la centrale de Kadapa Collectorate. Les pertes du système et les pertes de capture de la centrale sont calculées et les résultats sont présentés sous forme de tableau pour obtenir le pourcentage de perte globale.

## 5.5.5. Hôtel ABM.

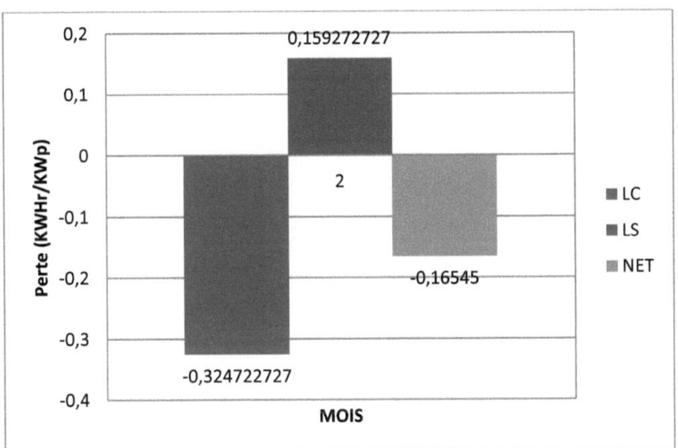


**Figure.5 75.Perte nette globale de l'usine ABM**

La figure 5.75 donne la représentation graphique de la perte nette globale de la centrale ABM, Tamil Nadu. La perte de système et la perte de capture de l'usine sont calculées et les résultats sont présentés sous forme de tableau pour obtenir le pourcentage de perte globale.

# CHAPITRE-6
## CONCLUSION

En général, le facteur d'utilisation de la capacité de la centrale solaire photovoltaïque en toiture connectée au réseau est de 18 à 20 %. Les pertes nettes de l'ensemble du système de la centrale solaire connectée au réseau doivent être très faibles ou nulles pour obtenir de bonnes performances globales de la centrale. D'après notre étude détaillée, nous avons constaté que les deux installations sont dans les valeurs standard.

D'après l'analyse du ratio de performance pendant la saison hivernale, la plante du centre de formation a un ratio plus élevé que la plante du centre de projet, ce qui est principalement dû à l'effet d'ombre de l'équinoxe de printemps des arbres qui sont situés sur le site du centre de formation. En dehors de la saison hivernale, comme les saisons de pré-mousson, de mousson et de post-mousson, le ratio de performance globale du centre de projet est plus élevé que celui du centre de formation. Ainsi, le ratio de performance globale du centre de projet est meilleur que celui du centre de formation.

A partir de l'analyse du rapport de performance corrigé des conditions météorologiques, les comparaisons des différentes centrales d'état sont corrélées et les résultats sont discutés. La centrale du Tamil Nadu a un ratio de performance corrigé des conditions météorologiques (WCPR) plus élevé que les autres centrales étudiées. La centrale de l'Andhra Pradesh présente un rapport de performance corrigé des conditions météorologiques (WCPR) inférieur, principalement en raison de facteurs environnementaux.

**RÉFÉRENCES**

[1].    Ashish Verma et Shivya Singhal, " Solar PV Performance Parameter and Recommendation for Optimization of Performance in Large Scale Grid Connected Solar PV Plant-Case Study ", J. Energy Power Sources Vol. 2, No. 1, 2015, pp. 40-53 Reçu : 6 août 2014, Publié : 30 janvier 2015.

[2].    C. Aarthy Vigneshwari1, S. Siva Sakthi Velan1, M. Venkateshwaran1, M. Adam Mydeen1,V. Kirubakaran2 "Performance and Economic Study of on-gridand off-grid Solar Photovoltaic System" 978-1-4673-9925-8/16/$31.00 ©2016 IEEE

[3].    Ankit Kumar Sarraf1, Sunil Agarwal2, Dinesh Kumar Sharma3, " Performance d'un système photovoltaïque de 1 MW au Rajasthan : A Case Study, "IEEE [7th] Power India International Conference(PIICON),978-1-4673-8962-4/16/$31.00 ©2016 IEEE

[4].    Tahira Bano, KVS Rao, "Performance analysis of 1MW grid connected photovoltaic power plant in Jaipur, India, "978-1-4673-9925-8/16/$31.00 ©2016 IEEE

[5].    K. Pritam Satsangi, D. Bhagwan Das, A.K. Saxena, "Performance Analysis Of 40kwp Solar Photovoltaic Plant, "IEEE Region 10 Humanitarion technology conference 2016, R10-HTC-Proceedings.

[6].    Ajit.P.Tyagi, "Solar Radient Energy Over India", par le ministère des énergies nouvelles et renouvelables, 2009.

[7].    Sarah Kurtz, " Weather Corrected performance Ratio ", rapport technique NREL/TP-5200-57991, avril 2013.

[8].    CEI 61724 la norme titre "Photovoltaic system performance Monitoring_ Guidelines for measurement, data exchange and analysis, First published in April 1998.

[9].    B. Marion,' J. Adelstein,' K. 8oyle.1 H. Hayden.' B. Hammond,' T. Fletcher,' B. Canada,' D. Narang,' A. Kimber.3 L. Mit~hellG.... Rich,4 et T. fownsend4 "Performance Parameters for Grid-Connected PV Systems" *0-7803 -8 70 7405/$20.00* 0.2005 IEEE.

[10].    Keith Emery et Ryan Smith. Surveillance des performances du système NREL (National Renewable Energy Laboratory) /PR-5200-50643/2011.

[11].    Vikrant Sharma, S.S. Chandel* "Analyse des performances d'une centrale solaire photovoltaïque interactive de 190 kWc en Inde", Energy 55 (2013) 476e485.

[12].    Joseph Cunningham, Paul Hernday, James Mokri. "Commissioning for PV Performance-Sun Spec Alliance Best Practice Guide", D42039-1.

[13].    Robins Anto and Josna Jose "Performance Analysis Of A 100kW Solar Photovoltaic Power Plant" International Conference on Magnetics, Machines & Drives (AICERA-2014 iCMMD)

[14]. Bharathkumar M 1, Dr. H V Byregowda 2 "Évaluation des performances d'une centrale solaire photovoltaïque connectée au réseau de 5MW établie dans le Karnataka" Journal international de la recherche innovante en science, ingénierie et technologie *(une organisation certifiée ISO 3297 : 2007)*Vol. 3, numéro 6, juin 2014.

[15]. Alexander Phinikarides N, Nitsa Kindyni , George Makrides, George E. Georghiou "Review of photovoltaic degradation rate methodologies" RenewableandSustainableEnergyReviews40(2014)143-152.

[16]. Paduchuri. ChandraBabu,S.S.Dash, "Analysis and experimental investigation for Grid connected 10kW solar PV system in Distribution Network" [5th] International conference on Renewable Energy Research and Applications.20-23 Nov 2016, UK.

[17]. Kanchan Matiyali et Alaknanda Ashok "Performance Evaluation of Grid Connected Solar PV Power Plant", 978-1-5090-3480-2/16/$31.00 ©2016 IEEE

[18]. Abhishek Sharmal, Priya Mahajan2et Rachana Garg3 "Techno-economic Analysis of Solar PhotovoltaicPower Plant for Delhi Secretariat Building". 1ère conférence internationale de l'IEEE sur l'électronique de puissance. Intelligent Control and Energy Systems (ICPEICES-2016).978-1-4673-8587-9/16/$31.00 ©2016 IEEE

[19]. Milan LJ. Markovic et Rade M. Ciric "Efficiency Analysis of Grid-connected Photovoltaic Power Plants" 2096-0042 © 2017 CSEE_CSEE JOURNAL OF POWER AND ENERGY SYSTEMS, VOL. 3, NO. 3, SEPTEMBRE 2017.

[20]. Bryan G. Salvatierra, Diego H. Domínguez, Diego Chacon-Troya, Walter H. Orozco " Power Quality Analysis of a Low-voltage Grid with a Solar Photovoltaic System " 2017 IEEE 30th Canadian Conference on Electrical and Computer Engineering (CCECE) 78-1-5090-5538-8/17/$31.00 ©2017 IEEE

[21]. H.A. Basson1, J.C. Pretorius1 "Risk mitigation of performance ratio guarantees in commercial photovoltaic systems "2016. https://doi.org/10.24084/repqj14.244 RE&PQJ, No.14, mai 2016

[22]. Sarah Kurtz, "Analysis of Photovoltaic System Energy Performance Evaluation Method", rapport technique NREL/TP-5200-60628.

[23]. "Solar Energy Perspective" par l'Agence internationale de l'énergie, 2011_ (61 2011 25 1P1) 978-92-64-12457-8 €100.

[24]. Performance RatioFacteur de qualité de l'installation PV de _ SMA Solar Technology AG, Information technique. (Perfratio-TI-fr-11) Version 1.1

[25]. Méthodes et pratiques de modélisation de la performance des systèmes photovoltaïques - Résultats du 4e atelier collaboratif sur la modélisation de la performance des systèmes photovoltaïques Rapport IEA-PVPS T13-06:2017 par l'Agence internationale de l'énergie.

[26]. Lignes directrices pour les petits systèmes solaires photovoltaïques (sur les toits) raccordés au réseau pour le Tamil Nadu, Version : Avril 2014 Publié par l'Agence de développement énergétique du Tamil Nadu (TEDA).